江苏省特种作业人员安全技术培训考核系列教材

U0192335

电气试验作业

江苏省安全生产宣传教育中心
国网江苏省电力有限公司 | 组编

中国电力出版社
CHINA ELECTRIC POWER PRESS

内 容 提 要

　　本书以满足培训考核的需要为中心，以管用、实用、够用为原则进行编写。本书主要内容包括安全生产工作管理、电工基础知识、电气试验基本知识、单一介质的绝缘特性、组合绝缘的耐电特性、电气试验常用仪器、应急处置七部分内容。

　　本书适用性强，内容全面、重点突出，是电气试验作业人员培训考试的必备教材，可作为各级电气试验电工的技能培训教材，也可作为电气试验专业技术人员、管理干部等的参考用书。

图书在版编目（CIP）数据

电气试验作业 / 江苏省安全生产宣传教育中心，国网江苏省电力有限公司组编 . —北京：中国电力出版社，2020.11

江苏省特种作业人员安全技术培训考核系列教材

ISBN 978-7-5198-4891-0

Ⅰ.①电…　Ⅱ.①江…　Ⅲ.①电气设备—试验—安全培训—教材　Ⅳ.① TM64-33

中国版本图书馆 CIP 数据核字（2020）第 156151 号

出版发行：中国电力出版社
地　　　址：北京市东城区北京站西街 19 号（邮政编码 100005）
网　　　址：http://www.cepp.sgcc.com.cn
责任编辑：马　丹（010–63412725）　王冠一
责任校对：黄　蓓　于　维
装帧设计：郝晓燕
责任印制：钱兴根

印　　　刷：北京天宇星印刷厂
版　　　次：2020 年 11 月第一版
印　　　次：2020 年 11 月北京第一次印刷
开　　　本：710 毫米 ×980 毫米　16 开本
印　　　张：19.5
字　　　数：274 千字
定　　　价：70.00 元

本书编写组

组　长　高晓军

成　员　于　扬　黄海飞　吴建根　李　磊　邢　军　孟艳龄
　　　　吴　凡　董晓崇　王涛涛　王　政　张祥帅　徐菲菲

审　核　钱　杰

为了贯彻落实《关于做好特种作业（电工）整合工作有关事项的通知》（安监总局人事〔2018〕18号），进一步做好整合后的电气试验作业人员安全技术培训与考核工作，江苏省安全生产宣传教育中心根据新颁布的《特种作业（电工）安全技术培训大纲和考核标准》，组织专家编写了《江苏省特种作业人员安全技术培训考核系列教材》。

本书是《电气试验作业》分册。本书以满足培训考核的需要为中心，以管用、实用、够用为原则，突出电气试验作业人员的安全生产基本知识和安全操作技能，具有较强的针对性和实用性，是电气试验作业人员培训考试的必备教材，也可作为电工作业人员自学的工具书。

本书的内容主要包括：安全生产工作管理、电工基础知识、电气试验基本知识、单一介质的绝缘特性、组合绝缘的耐电特性、电气试验常用仪器、应急处置。

本书由江苏省安全生产宣传教育中心组织编写。高晓军主编，钱杰审核，第一章由高晓军、邢军、孟艳龄编写，第二章由吴凡、吴建根编写，第三章由李磊、董晓崇、高晓军编写，第四章由王涛涛编写，第五章由于扬编写，第六章由王政、黄海飞、张祥帅编写，第七章由徐菲菲编写。

本书在编写过程中得到了江苏省应急管理厅安全生产基础处、国网江苏省电力有限公司的大力支持，在此表示衷心的感谢。由于编者水平有限，书中可能会出现一些错误和不足之处，敬请读者批评指正。

编　者

2020 年 9 月

目 录
CONTENTS

安全生产工作管理

　　本章介绍了特种作业电工（电气试验）安全生产法律、法规、方针。按特种作业电工安全技术培训大纲及考核标准，介绍了电气试验作业人员的基本条件、培训大纲，电气作业人员的组织措施、技术措施以及工作票和操作票的规定。

第一节　安全生产法律法规

安全生产法律法规包括安全生产法律、安全生产行政法规、安全生产部门规章、国家安全生产方针几方面内容，主要法律法规有《中华人民共和国安全生产法》《中华人民共和国劳动法》《中华人民共和国劳动合同法》《中华人民共和国职业病防治法》《中华人民共和国电力法》《中华人民共和国煤炭法》《中华人民共和国矿山安全法》《生产安全事故报告和调查处理条例》《工伤保险条例》《生产经营单位安全培训规定》《特种作业人员安全技术培训考核管理规定》《特种设备安全监察条例》等。本节主要介绍《中华人民共和国安全生产法》《生产经营单位安全培训规定》《特种作业人员安全技术培训考核管理规定》。

一、《中华人民共和国安全生产法》

《中华人民共和国安全生产法》于 2002 年 6 月 29 日发布、2002 年 11 月 1 日实施，全国人民代表大会常务委员会先后于 2009 年 8 月、2014 年 8 月进行了两次修订。《中华人民共和国安全生产法》是安全领域的"宪法""母法"，其发布的目的是加强安全生产监督管理，防止和减少生产安全事故，保障人民群众生命和财产安全，促进经济发展。

《中华人民共和国安全生产法》明确了安全生产责任制并规定了从业人员的权利和义务，赋予从业人员有关安全生产和人身安全的基本权利。部分摘录内容如下：

第六条　生产经营单位的从业人员有依法获得安全生产保障的权利，并应当依法履行安全生产方面的义务。

第二十五条　生产经营单位应当对从业人员进行安全生产教育和培训，保证从业人员具备必要的安全生产知识，熟悉有关的安全生产规章制度和安全操作规程，掌握本岗位的安全操作技能，了解事故应急处理措施，知悉自身在安全生产方面的权利和义务。未经安全生产教育和培训合格的从业人员，不得上岗作业。

第二十六条　生产经营单位采用新工艺、新技术、新材料或者使用新设备，必须了解、掌握其安全技术特性，采取有效的安全防护措施，并对从业人员进行专门的安全生产教育和培训。

第二十七条　生产经营单位的特种作业人员必须按照国家有关规定经专门的安全作业培训，取得相应资格，方可上岗作业。

第四十一条　生产经营单位应当教育和督促从业人员严格执行本单位的安全生产规章制度和安全操作规程；并向从业人员如实告知作业场所和工作岗位存在的危险因素、防范措施以及事故应急措施。

第四十二条　生产经营单位必须为从业人员提供符合国家标准或者行业标准的劳动防护用品，并监督、教育从业人员按使用规则佩戴、使用。

第四十九条　生产经营单位与从业人员订立的劳动合同，应当载明有关保障从业人员劳动安全、防止职业危害的事项，以及依法为从业人员办理工伤保险的事项。

生产经营单位不得以任何形式与从业人员订立协议，免除或者减轻其对从业人员因生产安全事故伤亡依法应承担的责任。

第五十条　生产经营单位的从业人员有权了解其作业场所和工作岗位存在的危险因素、防范措施及事故应急措施，有权对本单位的安全生产工作提出建议。

第五十一条　从业人员有权对本单位安全生产工作中存在的问题提出批评、检举、控告；有权拒绝违章指挥和强令冒险作业。

生产经营单位不得因从业人员对本单位安全生产工作提出批评、检举、控告或者拒绝违章指挥、强令冒险作业而降低其工资、福利等待遇或者解除与其订立的劳动合同。

第五十二条　从业人员发现直接危及人身安全的紧急情况时，有权停止作业或者在采取可能的应急措施后撤离作业场所。

生产经营单位不得因从业人员在前款紧急情况下停止作业或者采取紧急撤离措施而降低其工资、福利等待遇或者解除与其订立的劳动合同。

第五十三条　因生产安全事故受到损害的从业人员，除依法享有工伤保险外，依照有关民事法律尚有获得赔偿的权利的，有权向本单位提出赔偿要求。

第五十四条　从业人员在作业过程中，应当严格遵守本单位的安全生产规章制度和操作规程，服从管理，正确佩戴和使用劳动防护用品。

第五十五条　从业人员应当接受安全生产教育和培训，掌握本职工作所需的安全生产知识，提高安全生产技能，增强事故预防和应急处理能力。

第五十六条　从业人员发现事故隐患或者其他不安全因素，应当立即向现场安全生产管理人员或者本单位负责人报告；接到报告的人员应当及时予以处理。

第五十八条　生产经营单位使用被派遣劳动者的，被派遣劳动者享有本法规定的从业人员的权利，并应当履行本法规定的从业人员的义务。

第一百零四条　生产经营单位的从业人员不服从管理，违反安全生产规章制度或者操作规程的，由生产经营单位给予批评教育，依照有关规章制度给予处分；构成犯罪的，依照刑法有关规定追究刑事责任。

二、《生产经营单位安全培训规定》

《生产经营单位安全培训规定》（国家安全生产监督管理总局令第 3 号）于 2006 年 1 月 17 日公布，自 2006 年 3 月 1 日起施行，2015 年 5 月 29 日根据《国家安全监管总局关于废止和修改劳动防护用品和安全培训等领域十部规章的决定》（国家安全生产监督管理总局令第 80 号）第二次修正。该规定的立法目的是加强和规范生产经营单位安全培训工作，提高从业人员素质，防范伤亡事故，减轻职业危害。

关于该规定赋予从业人员的权利与义务部分摘录如下：

第三条　生产经营单位负责本单位从业人员安全培训工作。

生产经营单位应当按照安全生产法和有关法律、行政法规和本规定，建立健全安全培训工作制度。

第四条　生产经营单位应当进行安全培训的从业人员包括主要负责人、安全生产管理人员、特种作业人员和其他从业人员。

生产经营单位使用被派遣劳动者的，应当将被派遣劳动者纳入本单位从业人员统一管理，对被派遣劳动者进行岗位安全操作规程和安全操作技能的教育和培训。劳务派遣单位应当对被派遣劳动者进行必要的安全生产教育和培训。

生产经营单位接收中等职业学校、高等学校学生实习的，应当对实习学生进行相应的安全生产教育和培训，提供必要的劳动防护用品。学校应当协助生产经营单位对实习学生进行安全生产教育和培训。

生产经营单位从业人员应当接受安全培训，熟悉有关安全生产规章制度和安全操作规程，具备必要的安全生产知识，掌握本岗位的安全操作技能，了解事故应急处理措施，知悉自身在安全生产方面的权利和义务。

未经安全生产培训合格的从业人员，不得上岗作业。

第十一条 煤矿、非煤矿山、危险化学品、烟花爆竹、金属冶炼等生产经营单位必须对新上岗的临时工、合同工、劳务工、轮换工、协议工等进行强制性安全培训，保证其具备本岗位安全操作、自救互救以及应急处置所需的知识和技能后，方能安排上岗作业。

第十二条 加工、制造业等生产单位的其他从业人员，在上岗前必须经过厂（矿）、车间（工段、区、队）、班组三级安全培训教育。

生产经营单位应当根据工作性质对其他从业人员进行安全培训，保证其具备本岗位安全操作、应急处置等知识和技能。

第十三条 生产经营单位新上岗的从业人员，岗前安全培训时间不得少于24学时。

煤矿、非煤矿山、危险化学品、烟花爆竹、金属冶炼等生产经营单位新上岗的从业人员安全培训时间不得少于72学时，每年再培训的时间不得少于20学时。

第十七条 从业人员在本生产经营单位内调整工作岗位或离岗一年以上重新上岗时，应当重新接受车间（工段、区、队）和班组级的安全培训。

生产经营单位采用新工艺、新技术、新材料或者使用新设备时，应当对有关从业人员重新进行有针对性的安全培训。

第十八条 生产经营单位的特种作业人员，必须按照国家有关法律、法规的规定接受专门的安全培训，经考核合格，取得特种作业操作资格证书后，方可上岗作业。

特种作业人员的范围和培训考核管理办法，另行规定。

三、《特种作业人员安全技术培训考核管理规定》

《特种作业人员安全技术培训考核管理规定》（国家安全生产监督管理总局令第 30 号）于 2010 年 5 月 24 日发布，自 2010 年 7 月 1 日起施行，2015 年 5 月 29 日根据国家安全生产监督管理总局令第 80 号修正。该规定明确将高压电工作业、低压电工作业、防爆电气作业列为特种作业，并规定了特种作业人员的安全技术培训、考核、发证、复审等权利与义务。

根据《国家安全监管总局关于做好特种作业（电工）整合工作的相关通知》（安监总局人事〔2018〕18 号），将特种作业电工作业目录调整为 6 个操作项目，即低压电工作业、高压电工作业、电力电缆作业、继电保护作业、电气试验作业和防爆电气作业。

电气试验作业人员应当了解和掌握的相关规定如下：

第五条 特种作业人员必须经专门的安全技术培训并考核合格，取得《中华人民共和国特种作业操作证》（以下简称特种作业操作证）后，方可上岗作业。

第六条 特种作业人员的安全技术培训、考核、发证、复审工作实行统一监管、分级实施、教考分离的原则。

第九条 特种作业人员应当接受与其所从事的特种作业相应的安全技术理论培训和实际操作培训。

已经取得职业高中、技工学校及中专以上学历的毕业生从事与其所学专业相应的特种作业，持学历证明经考核发证机关同意，可以免予相关专业的培训。

跨省、自治区、直辖市从业的特种作业人员，可以在户籍所在地或者从业所在地参加培训。

第十九条 特种作业操作证有效期为 6 年，在全国范围内有效。

特种作业操作证每 3 年复审 1 次。

第二十三条 特种作业操作证申请复审或者延期复审前，特种作业人员应当参加必要的安全培训并考试合格。

安全培训时间不少于 8 个学时，主要培训法律、法规、标准、事故案例和有关新工艺、新技术、新装备等知识。

第二节 电气作业人员的基本要求

国家安全生产监督管理总局《特种作业（电气试验）安全技术培训大纲和考核标准》要求如下：

一、电气作业人员条件

特种作业（电气试验）人员应当符合以下基本条件：

（1）年满 18 周岁，且不超过国家法定退休年龄。

（2）无妨碍从事相应特种作业的器质性心脏病、癫痫病、美尼尔氏症、眩晕症、癔症、震颤麻痹症、精神病、痴呆症以及其他疾病和生理缺陷。

（3）具有初中及以上文化程度。具备必要的安全技术知识与技能。

GB 26860《电力安全工作规程》（发电厂及变电站电气部分）规定电气人员体格检查至少每 2 年 1 次，应掌握触电急救等救护法。

二、培训要求

（1）按照《特种作业（电气试验）安全技术培训大纲和考核标准》的规定对电气试验作业人员进行培训与复审培训。复审培训周期为每 3 年复审 1 次。特种作业人员在特种作业操作证有效期内，连续从事本工种 10 年以上，严格遵守有关安全生产法律法规的，经原考核发证机关或者从业所在地考核发证机关同意，特种作业操作证的复审时间可以延长至每 6 年 1 次。

（2）特种作业（电气试验）人员安全技术知识培训和复审培训学时安排分别见表 1–1、表 1–2。

表 1-1　　特种作业（电气试验）人员安全技术知识培训学时安排

项目		培训内容	学时
安全技术知识 （56学时）	安全基本知识 （6学时）	电气安全工作管理	2
		触电事故及现场救护	2
		电气防火	2
	安全技术 基础知识 （20学时）	电工基础知识	4
		电气试验的基本知识	16
	安全技术 专业知识 （26学时）	单一介质的绝缘特性	12
		组合绝缘的耐电特性	1
		绝缘电阻表、直流电桥	4
		变压器直流电阻测试仪	1
		介质损耗角测试设备	2
		电力变压器变比测试仪	2
		耐压试验设备	4
	复习		2
	考试		2
实际操作技能 （70学时）		电气安全用具的检查使用	4
		电力变压器的试验操作	12
		互感器的试验操作	16
		断路器的试验操作	12
		避雷器的试验操作	6
		电力电缆的试验操作	8
		电力电容器的试验操作	6
		触电急救和防火操作	2
		复习	2
		考试	2
合计			126

表 1-2　　特种作业（电气试验）人员安全技术复审培训学时安排

项目	培训内容	学时
复审培训	典型事故案例分析 相关法律、法规、标准、规程 电气试验方面的新技术、新工艺、新材料	不少于 8 学时
	复习	
	考试	
合计		

第三节　电气作业安全管理

电气作业安全管理按照《电力安全工作规程》（包括 GB 26859—2011《电力安全工作规程 电力线路部分》、GB 26860—2011《电力安全工作规程 发电厂和变电站电气部分》、GB 26861—2011《电力安全工作规程 高压试验室部分》）规定执行，且企业应建立与安全生产有直接关系的安全操作规程、安全作业规程、电气安装规程、运行管理和维护检修制度等。

一、保证安全工作的组织措施

在电气设备上安全工作的安全组织措施包括现场勘察制度，工作票制度，工作许可制度，工作监护制度，工作间断、转移和终结制度。工作票签发人、工作负责人（监护人）、工作许可人、专责监护人和工作班成员在整个作业流程中应履行各自的安全职责。

1. 现场勘察制度

配电检修（施工）作业和用户工程、设备上的工作，工作票签发人或工作负责人认为有必要现场勘察的，应根据工作任务组织现场勘察，并填写现场勘察记录。

现场勘察应由工作票签发人或工作负责人组织，工作负责人、设备运维管理单位（用户单位）和检修（施工）单位相关人员参加。对涉及多专业、多部门、多单位的作业项目，应由项目主管部门、单位组织相关人员共同参与。

现场勘察应查看检修（施工）作业需要停电的范围、保留的带电部位、装设接地线的位置、邻近线路、交叉跨越、多电源、自备电源、地下管线设施和作业现场的条件、环境及其他影响作业的危险点，并提出针对性的安全措施和注意事项。

现场勘察后，现场勘察记录应送交工作票签发人、工作负责人及相关各方，作为填写、签发工作票等的依据。

开工前，工作负责人或工作票签发人应重新核对现场勘察情况，若发现勘察情况有变化、与原勘察情况不同时，应及时修正、完善相应的安全措施。

2. 工作票制度

工作票是准许在电气设备工作的书面要求之一，也是保证安全工作的技术措施的依据。工作票有第一种工作票和第二种工作票。事故应急抢修可不用工作票，但应使用事故应急抢修单。事故应急抢修工作是指电气设备发生故障被迫紧急停止运行，需短时间内恢复的抢修和排除故障的工作。非连续进行的事故修复工作，应使用工作票。

填用第一种工作票的工作：电气设备上进行检修、试验、清扫检查等工作时，需要全部停电或部分停电的；二次系统和照明等回路上的工作，需要将高压设备停电或做安全措施的；高压电力电缆需停电的工作；其他工作需要将高压设备停电或要做安全措施者。

填用第二种工作票的工作：大于表1-3（P19）规定的安全距离的相关场所和带电作业外壳上的工作以及不可能触及带电设备导电部分的工作，填用第二种工作票。

控制盘和低压配电盘、配电箱、电源干线上的工作；二次系统和照明等回路上的工作，无须将高压设备停电或做安全措施的；转动中的发电机、同期调相机的励磁回路或高压电动机转子电阻回路上的工作；非运行人员用绝缘棒、核相器和电压互感器定相或用钳型电流表测量高压回路的电流；在二次接线回路上工作，无须将高压设备停电时；高压电力电缆不需停电的工作。

（1）工作票的填用与签发。工作票应使用黑色或蓝色的钢（水）笔或圆珠笔填用与签发，一式两份，内容应正确，填用应清楚，不得任意涂改。如有个别错、漏字需要修改，应使用规范的符号，字迹应清楚。

用计算机生成或打印的工作票应使用统一的票面格式，由工作票签发人审核无误，手工或电子签名后方可执行。

工作票一份应保存在工作地点，由工作负责人收执；另一份由工作许可人收执，按值移交。工作许可人应将工作票的编号、工作任务、许可及终结时间记入登记簿。

一张工作票中，工作票签发人、工作负责人和工作许可人三者不得互相兼任。工作票由工作负责人填用，也可以由工作票签发人填用。

（2）工作票的使用。

1）一个工作负责人不能同时执行多张工作票，工作票上所列的工作地点以一个电气连接部分为限。

2）在原工作票的停电及安全措施范围内增加工作任务时，应由工作负责人征得工作票签发人和工作许可人同意，并在工作票上增填工作项目。若需变更或增设安全措施者应填用新的工作票，并重新履行签发许可手续。

3）第一种工作票应在工作前一日送达运行人员，可直接送达或通过传真、局域网传送，但传真传送的工作票许可应待正式工作票到达后履行。

4）第二种工作票和带电作业工作票可在进行工作的当天预先交给工作许可人。

5）第一、二种工作票只能延期一次。

（3）工作票所列人员的基本条件。

1）工作票的签发人应是熟悉人员技术水平、熟悉设备情况、熟悉《电力安全工作规程》，并具有相关工作经验的生产领导人、技术人员或经本单位分管生产领导批准的人员。工作票签发人员名单应书面公布。

2）工作负责人（监护人）应是具有相关工作经验，熟悉设备情况、熟悉《电力安全工作规程》，工作负责人还应熟悉工作班成员的工作能力。

3）工作许可人应是有一定工作经验的运行人员或检修操作人员（进行该工作任务操作及做安全措施的人员）。

4）专职监护人应是具有相关工作经验，熟悉设备情况和《电力安全工作规程》的人员。

（4）工作票所列人员的安全责任。

1）工作票签发人：①检查工作必要性和安全性；②检查工作票上所填安全措施是否正确完备；③检查所派工作负责人和工作班人员是否适当和充足。

2）工作负责人（监护人）：①正确安全地组织工作；②负责检查工作票所列安全措施是否正确完备，是否符合现场实际条件，必要时予以补充；③工作前对工作班成员进行危险点告知，交代安全措施和技术措施，并确认每一位工作班成员都已知晓；④严格执行工作票所列安全措施；⑤督促、监护工作班成员遵守本规程，正确使用劳动防护用品和执行现场安全措施；⑥检查工作班成员精神状态是否良好，变动是否合适。

3）工作许可人：①负责审查工作票所列安全措施是否正确、完备，是否符合现场条件；②检查工作现场布置的安全措施是否完善，必要时予以补充；③负责检查检修设备有无突然来电的危险；④对工作票所列内容即使发生很小疑问，也应向工作票签发人询问清楚，必要时应要求其做详细补充。

4）专责监护人：①明确被监护人员和监护范围；②工作前对被监护人员交代安全措施，告知危险点和安全注意事项；③监督被监护人员遵守本规程和现场安全措施，及时纠正不安全行为。

5）工作班成员：①熟悉工作内容、工作流程，掌握安全措施，明确工作中的危险点，并履行确认手续；②严格遵守安全规章制度、技术规程和劳动纪律，对自己在工作中的行为负责，互相关心工作安全，并监督本规程的执行和现场安全措施的实施；③正确使用安全工器具和劳动防护用品。

3. 工作许可制度

工作许可人在完成施工现场的安全措施后，还应完成以下手续，随后工作班方可开始工作。

（1）会同工作负责人到现场再次检查所做的安全措施，对具体的设备指明实际的隔离措施，证明检修设备确无电压。

（2）对工作负责人指明带电设备的位置和注意事项。

（3）和工作负责人在工作票上分别确认、签名。

（4）运行人员不得变更有关检修设备的运行接线方式。工作负责人、工作许可人任何一方不得擅自变更安全措施，工作中如有特殊情况需要变更时，应先取得对方的同意并及时恢复。变更情况及时记录在值班日志内。

电气工作开始前必须完成工作许可手续。

4. 工作监护制度

（1）工作许可手续完成后，工作负责人、专责监护人应向工作班成员交代工作内容、人员分工、带电部位和现场安全措施，进行危险点告知，并履行确认手续，以上工作完成后工作班方可开始工作。工作负责人、专责监护人应始终在工作现场，对工作班人员的安全认真监护，及时纠正不安全的行为。

（2）工作负责人在全部停电时，可以参加工作班工作。在部分停电时，只有在安全措施可靠、人员集中在一个工作地点、不致误碰有电部分的情况下，方能参加工作。

（3）专责监护人不得兼做其他工作。专责监护人临时离开时，应通知被监护人员停止工作或离开工作现场，待专责监护人回来后方可恢复工作。若专责监护人必须长时间离开工作现场时，应由工作负责人变更专责监护人，履行变更手续，并告知全体被监护人员。

（4）工作期间，工作负责人若因故暂时离开工作现场，应指定能胜任的人员临时代替，离开前应将工作现场交代清楚，并告知工作班成员。原工作负责人返回工作现场时，也应履行同样的交接手续。

（5）若工作负责人必须长时间离开工作现场，应由原工作票签发人变更工作负责人，履行变更手续，并告知全体工作员及工作许可人。原、现工作负责人应做好必要的交接。

5. 工作间断、转移和终结制度

（1）工作间断时，工作班人员应从工作现场撤出，所有安全措施保持不动，工作票仍由工作负责人执存，间断后继续工作时无须通过工作许可人。每日收工后，应清扫工作地点，开放已封闭的通道，并将工作票交回运行人员。次日复工时，应得到工作许可人的许可，取回工作票，工作负责人应重新认真检查安全措施是否符合工作票的要求，并召开现场站班会后，方可工作。若无工作负责人或专责监护人带领，作业人员不得进入工作地点。

（2）在未办理工作票终结手续以前，任何人员不准将停电设备合闸送电。在工作间断期间，若有紧急需要，运行人员可在工作票未交回的情况下合闸送电，但应先通知工作负责人，在得到"工作班全体人员已经离开工作地点、可以送电"的答复后方可执行，并应采取下列措施：①拆除临时遮栏、接地线和标示牌，恢复常设遮栏，换挂"止步，高压危险！"的标示牌；②应在所有道路派专人守候，以便告诉工作班人员"设备已经合闸送电，不得继续工作"。守候人员在工作票未交回之前，不得离开守候地点。

（3）检修工作结束以前，若需将设备试加工作电压，应按下列条件进行：①全体电气作业人员撤离工作地点；②将该系统的所有工作票收回，拆除临时遮栏、接地线和标示牌，恢复常设遮栏；③应在工作负责人和运行人员进行全面检查无误后，由运行人员进行加压试验。

工作班若需继续工作时，应重新履行工作许可手续。

（4）在同一电气连接部分用同一工作票依次在几个工作地点转移工作时，全部安全措施由运行人员在开工前一次做完，不需再办理转移手续。但工作负责人在转移工作地点时，应向电气作业人员交代带电范围、安全措施和注意事项。

（5）全部工作完毕后，工作班应清扫、整理现场。工作负责人应先周密地检查，待全体电气作业人员撤离工作地点后，再向运行人员交代所修项目、发现的问题、试验结果和存在问题等，并与运行人员共同检查设备状况、状态以及有无遗留物件、是否清洁等，然后在工作票上填明工作结束时间。经双方签字后，表示工作终结。

待工作票上的临时遮栏已拆除，标示牌已取下，已恢复常设遮栏，未拆除的接地线、未拉开的接地刀闸（装置）等设备运行方式已汇报调度，工作票方告终结。

（6）只有在同一停电系统的所有工作票都已终结，并得到值班调度员或运行值班负责人的许可指令后，方可合闸送电。禁止约时停、送电。

停电检修作业后送电前，原在变配电室内悬挂的临时接地线，应由值班人员拆除。

一切调度命令是以值班调度员发布命令时开始，至受令人执行完后报值班调度员后才算全部完成。

所有的电气作业人员（包括工作负责人）不允许单独留在高压室内，以免发生意外的触电或电弧灼伤事故。

（7）已终结的工作票、事故应急抢修单应保存一年。

二、保证安全工作的技术措施

在电气设备上工作，保证安全的技术措施有停电、验电、接地、悬挂标示牌和装设遮栏（围栏）。

1. 停电

（1）断开发电厂、变电站、换流站、开闭所、配电站（所）（包括用户设备）等线路断路器（开关）和隔离开关（刀闸）。

（2）断开线路上需要操作的各端（含分支）断路器（开关）、隔离开关（刀闸）和熔断器。高压检修工作的停电必须将工作范围的各方面进线电源断开，且各方面至少有一个明显的断开点。

（3）断开危及线路停电作业，且不能采取相应安全措施的交叉跨越、平行和同杆架设线路（包括用户线路）的断路器（开关）、隔离开关（刀闸）和熔断器。

（4）断开有可能返回低压电源的断路器（开关）、隔离开关（刀闸）和熔断器。

进行线路停电作业前，应检查停电设备是否有断开点。停电设备的各端应有明显的断开点，若无法观察到停电设备的断开点，应有能够反映设备运行状态的电气和机械等指示。

可直接在地面操作的断路器（开关）、隔离开关（刀闸）的操作机构上应加锁，不能直接在地面操作的断路器（开关）、隔离开关（刀闸）应悬挂标示牌；跌落式熔断器的熔管应摘下或悬挂标示牌。

2. 验电

（1）验电是保证电气作业安全的技术措施之一。在停电线路工作地段装接地线前，应先验电，验明线路确无电压。验电时，应使用相应电压等级、合格的接触式验电器。

（2）验电前应先在有电设备上进行试验，确认验电器良好；无法在有电设备上进行试验时，可用工频高压发生器等确证验电器良好。

验电时人体应与被验电设备保持规定的距离，并设专人监护。使用伸缩式验电器时应保证绝缘的有效长度。

（3）对无法进行直接验电的设备、高压直流输电设备和雨雪天气时的户外设备，可以进行间接验电。即通过设备的机械指示位置、电气指示、带电显示装置、仪表及各种遥测、遥信等信号的变化来判断。判断时，应有两个及以上的指示，且所有指示均已同时发生对应变化，才能确认该设备已无电；若进行遥控操作，则应同时检查隔离开关（刀闸）的状态指示、遥测、遥信信号及带电显示装置的指示。

（4）对同杆塔架设的多层电力线路进行验电时，应遵循的原则为：先验低压、后验高压，先验下层、后验上层，先验近侧、后验远侧。禁止电气作业人员穿越未经验电、接地的 10kV 及以下线路对上层线路进行验电。

线路的验电应逐相（直流线路逐极）进行。检修联络用的断路器（开关）、隔离开关（刀闸）或其组合时，应在其两侧验电。

3. 装设接地线

（1）线路经验电明确无电压后，应立即装设接地线并三相短路（直流线路两极接地线分别直接接地）。装、拆接地线应在监护下进行。各工作班工作地段各端和有可能送电到停电线路工作地段的分支线（包括用户）都要验电、装设工作接地线。对直流接地极线路，作业点两端应装设工作接地线。配合停电的线路可以只在工作地点附近装设一处工作接地线。

（2）禁止电气作业人员擅自变更工作票中指定的接地线位置。如需变更，应由工作负责人征得工作票签发人同意，并在工作票上注明变更情况。

（3）同杆塔架设的多层电力线路挂接地线时，应先挂低压、后挂高压，先挂下层、后挂上层，先挂近侧、后挂远侧。拆除时次序相反。

（4）成套接地线应由有透明护套的多股软铜线组成，其截面积不得小于 25mm²，同时应满足装设地点短路电流的要求。禁止使用其他导线做接地线或短路线。接地线应使用专用的线夹固定在导体上，禁止用缠绕的方法进行接地或短路。临时接地线应装在可能来电的方向（电源侧），对于部分停电的检修设备，要装在被检修设备的两侧。

（5）装设接地线时，应先接接地端、后接导线端，接地线应接触良好、连接可靠。拆接地线的顺序与装设顺序相反。装、拆接地线均应使用绝缘棒或专用的绝缘绳。人体不准碰触未接地的导线。

（6）对于无接地引下线的杆塔，可采用临时接地体。接地体的截面积不准小于 190 mm²（如 ϕ16mm 圆钢）。接地体在地面下深度不准小于 0.6m。对于土壤电阻率较高地区，如岩石、瓦砾、沙土等，应采取增加接地体根数、长度、截面积或埋地深度等措施改善接地电阻。

（7）在同塔架设多回线路杆塔的停电线路上装设的接地线，应采取措施防止接地线摆动。断开耐张杆塔引线或工作中需要拉开断路器（开关）、隔离开关（刀闸）时，应先在其两侧装设接地线。

（8）电缆及电容器接地前应逐相充分放电，星形接线电容器的中性点应接地，串联电容器及与整组电容器脱离的电容器应逐个多次放电，装在绝缘支架上的电容器外壳也应放电。

（9）接地线接地开关（刀闸）与检修设备之间不得连有断路器（开关）和熔断器。检修人员未看到工作地点悬挂接地线，工作许可人（值班员）也未以手触试停电设备时，电气检修人员应进行质问并有权拒绝工作。线路检修时，接地线一经拆除即认为线路已带电，任何人不得再登杆作业。

（10）使用个人保安线的情况。

1）工作地段如有邻近、平行、交叉跨越及同杆塔架设线路，为防止停电检修线路上感应电压伤人，在需要接触或接近导线工作时，应使用个人保安线。

2）个人保安线应在杆塔上接触或接近导线的作业开始前挂接，作业结束脱离导线后拆除。装设时，应先接接地端、后接导线端，且接触良好、连接可靠。拆个人保安线的顺序与安装顺序相反。个人保安线由作业人员负责自行装、拆。

3）个人保安线应使用有透明护套的多股软铜线，截面积不准小于 16 mm²，且应带有绝缘手柄或绝缘部件。禁止用个人保安线代替接地线。

4）在杆塔或横担接地通道良好的条件下，个人保安线接地端允许接在杆塔或横担上。

4. 悬挂标示牌和装设遮栏（围栏）

（1）在一经合闸即可送电到工作地点的断路器（开关）、隔离开关（刀闸）及跌落式熔断器的操作处，均应悬挂"禁止合闸，线路有人工作！"或"禁止合闸，有人工作！"的标示牌。作业人员活动范围及其所携带的工具、材料等与带电体的最小安全距离不得小于表 1-3 的规定。高压线路、设备不停电时的最小安全距离见表 1-3。

表 1-3   高压线路、设备不停电时的最小安全距离

电压等级（kV）	安全距离（m）	电压等级（kV）	安全距离（m）
10 及以下	0.7	330	4.0
20、35	1.0	500	5.0
66、110	1.5	750	8.0
220	3.0	1000	9.5
±50	1.5	±660	9.0
±400	7.2	±800	10.1
±500	6.8		

注：表中未列电压应选用高一电压等级的安全距离。

（2）"禁止合闸，有人工作！"标示牌挂在已停电的断路器和隔离开关上的操作把手上，防止运行人员误合断路器和隔离开关。

（3）在邻近可能误登的其他带电构架上应悬挂"禁止攀登，高压危险"的标志牌。

（4）在 44kV 以下的设备部分停电的工作，人员工作时与电气设备距离小于表 1-3 规定的安全距离，但大于表 1-4 的规定距离时，允许在加设安全遮栏的情况下，实行不停电检修，未停电设备，应增设临时围栏。临时围栏应装设牢固，并悬挂"止步，高压危险！"的标示牌。

表 1-4   电气作业人员工作中正常活动范围与带电设备的安全距离

电压等级（kV）	安全距离（m）
10 及以下	0.35
20、35	0.60

注：表中未列电压应选用高一电压等级的安全距离。

35kV 及以下设备的临时围栏，如因工作特殊需要，可用绝缘隔板与带电部分直接接触。绝缘隔板的绝缘性能应符合相关规定的要求。

三、二次系统上工作的安全措施

1. 一般要求

电气作业人员在现场工作过程中，凡遇到异常情况（如直流系统接地等）或断路器（开关）跳闸时，不论与本工作是否有关，都应立即停止工作，保持现状，待查明原因，确认与本工作无关时方可继续工作；若异常情况或断路器（开关）跳闸是本工作所引起的，应保留现场并立即通知运维人员。二次系统上工作使用二次工作安全措施票（格式见附录三）。

继电保护装置、配电自动化装置、安全自动装置和仪表、自动化监控系统的二次回路变动时，应及时更改图纸，并按经审批后的图纸进行，工作前应隔离无用的接线，防止误拆或产生寄生回路。二次设备箱体应可靠接地且接地电阻应满足要求。

2. 电流互感器和电压互感器工作

电流互感器和电压互感器的二次绕组应有一点且仅有一点永久性的、可靠的保护接地。工作中，禁止将回路的永久接地点断开。

在带电的电流互感器二次回路上工作，应采取措施防止电流互感器二次侧开路。短路电流互感器二次绕组，应使用短路片或短路线，禁止用导线缠绕。

在带电的电压互感器二次回路上工作，应采取措施防止电压互感器二次侧短路或接地。接临时负载时，应装设专用的隔离开关（刀闸）和熔断器。

二次回路通电或耐压试验前，应通知运维人员和其他有关人员，并派专人到现场看守。检查确认二次回路及一次设备上确无人工作后，方可加压。

电压互感器的二次回路通电试验时，应将二次回路断开，并取下电压互感器高压熔断器或拉开电压互感器一次隔离开关（刀闸），防止由二次侧向一次侧反送电。

3. 现场检修

现场工作开始前，应检查确认已做的安全措施符合要求，运行设备和检修设备之间的隔离措施正确完成。工作时，应仔细核对检修设备名称，严防走错位置。

在全部或部分带电的运行屏（柜）上工作，应将检修设备与运行设备以明显的标志隔开。

作业人员在接触运行中的二次设备箱体前，应用低压验电器或测电笔确认其确无电压。工作中，需临时停用有关保护装置、配电自动化装置、安全自动装置或自动化监控系统，应向调度控制中心申请，经值班调控人员或运维人员同意后方可执行。

在继电保护、配电自动化装置、安全自动装置和仪表及自动化监控系统屏间的通道上安放试验设备时，不能阻塞通道，且要与运行设备保持一定距离，防止事故处理时通道不畅。搬运试验设备时应防止误碰运行设备，从而造成相关运行设备继电保护装置误动作。清扫运行中的二次设备和二次回路时，应使用绝缘工具，并采取措施以防止振动、误碰。

4. 整组试验

继电保护装置、配电自动化装置、安全自动装置及自动化监控系统做传动试验或一次通电或进行直流系统功能试验前，应通知运维人员和有关人员，并指派专人到现场监视后，方可进行。

检验继电保护、配电自动化装置、安全自动装置和仪表、自动化监控系统和仪表的电气作业人员，不得操作运行中的设备、信号系统、保护压板。在取得运维人员许可并在检修工作盘两侧开关把手上采取防误操作措施后，方可断、合检修断路器（开关）。

四、高压试验、测量、核相工作安全措施

1. 一般要求

高压试验不得少于两人，试验负责人应由有经验的人员担任。试验前，试验负责人应向全体试验人员交代工作中的安全注意事项，邻近间隔、线路设备的带电部位。

直接接触设备的电气测量工作应有人监护。测量时，人体与高压带电部位不得小于表 1-1 的安全距离。夜间测量应有足够的照明。

高压试验的试验装置和测量仪器应符合试验和测量的安全要求。测量工作一般在良好天气时进行。雷电时，禁止测量绝缘电阻及高压侧核相。

2. 高压试验

配电线路和设备的高压试验应填用第一种工作票。在同一电气连接部分，许可高压试验工作票前，应将已许可的检修工作票全部收回，禁止再许可第二种工作票。

一张工作票中同时有检修和试验时，试验前应得到工作负责人的同意。因试验需要解开设备接头时，解开前应做好标记，重新连接后应检查。

试验装置的金属外壳应可靠接地；高压引线应尽量缩短，并采用专用的高压试验线，必要时用绝缘物支持牢固。

试验装置的电源开关应使用双极刀闸，并在刀刃或刀座上加绝缘罩，以防误合。试验装置的低压回路中应有两个串联电源开关，并装设过载自动跳闸装置。

试验现场应装设遮栏（围栏），遮栏（围栏）与试验设备高压部分应有足够的安全距离，向外悬挂"止步，高压危险！"标示牌。被试设备不在同一地点时，另一端还应设遮栏（围栏）并悬挂"止步，高压危险！"标示牌。

试验应使用规范的短路线，加电压前应检查试验接线，确认表计倍率、量程、调压器零位及仪表的初始状态均正确无误后，通知所有人员离开被试设备，并取得试验负责人许可后方可加压。加压过程中应有人监护并呼唱，试验人员应随时警戒异常现象发生，操作人应站在绝缘垫上。

变更接线或试验结束，应断开试验电源，并将升压设备的高压部分放电、短路接地。

试验结束后，试验人员应拆除自装的接地线和短路线，检查被试设备，恢复试验前的状态，经试验负责人复查无误后，清理现场。

3. 测量工作

（1）使用钳形电流表的测量工作。高压回路上使用钳形电流表的测量工作，至少应两人进行。非运维人员测量时，应填用第二种工作票。

使用钳形电流表测量，应保证钳形电流表的电压等级与被测设备相符。测量时应戴绝缘手套，穿绝缘鞋（靴）或站在绝缘垫上，不得触及其他设备，以防短路或接地。观测钳形电流表数据时，应注意保持头部与带电部分的安全距离。

在高压回路上测量时，禁止用导线从钳形电流表另接表计测量。测量时若需拆除遮栏（围栏），应在拆除遮栏（围栏）后立即进行。工作结束，应立即恢复遮栏（围栏）原状。

测量高压电缆各相电流时，电缆头线间距离应大于300mm，且绝缘良好、测量方便。当有一相接地时，禁止测量。

使用钳形电流表测量低压线路和配电变压器低压侧电流时，应注意不触及其他带电部位，以防相间短路。

（2）使用绝缘电阻表测量绝缘电阻的工作。使用绝缘电阻表测量绝缘电阻的工作应由二人进行。测量用的导线应使用相应电压等级的绝缘导线，其端部应有绝缘套。测量绝缘电阻时，应断开被测设备所有可能来电电源，验明无电压，确认设备无人工作后，方可进行。测量中禁止他人接近被测设备。测量绝缘电阻前后，应将被测设备对地放电。

在带电设备附近测量绝缘电阻时，测量人员和绝缘电阻表安放的位置应与设备的带电部分保持安全距离。移动引线时，应加强监护，防止人员触电。

测量线路绝缘电阻时，应在取得许可并通知对侧后进行。在有感应电压的线路上测量绝缘电阻时，应将相关线路同时停电，方可进行。雷雨时，禁止测量线路绝缘。

测量带电线路导线对地面、建筑物、树木的距离以及导线与导线的交叉跨越距离时，禁止使用普通绳索、线尺等非绝缘工具。

测量杆塔、配电变压器和避雷器的接地电阻，若线路和设备带电，解开或恢复杆塔、配电变压器和避雷器的接地引线时，应戴绝缘手套。禁止直接接触与地断开的接地线。

系统有接地故障时，不得测量接地电阻。

测量用的仪器、仪表应保存在干燥的室内。

4. 核相工作

核相工作应填用第二种工作票或操作票。高压侧核相应使用相应电压等级的核相器，并逐相进行。高压侧核相宜采用无线核相器。二次侧核相时，应防止二次侧短路或接地。

第四节 安全标志与标识

一、安全色

安全色是表达安全信息的颜色，表示禁止、警告、指令、提示等意义。正确使用安全色，可以使人员能够对威胁安全和健康的物体和环境尽快作出反应，迅速发现或分辨安全标志，及时得到提醒，以防止事故、危害发生。我国已制订了关于安全色的国家标准，如 GB 2893《安全色》，规定用红、黄、蓝、绿四种颜色作为全国通用的安全色。四种安全色的含义和用途如下：

红色表示禁止、停止、消防和危险的意思。禁止、停止和有危险的器件设备或环境涂以红色的标记。如禁止标志、交通禁令标志、消防设备、停止按钮和停车、刹车装置的操纵把手、仪表刻度盘上的极限位置刻度、机器转动部件的裸露部分、液化石油气槽车的条带及文字，危险信号旗等。

黄色表示注意、警告的意思。需警告人们注意的器件、设备或环境涂以黄色标记。如警告标志、交通警告标志、道路交通路面标志、皮带轮及其防护罩的内壁、砂轮机罩的内壁、楼梯的第一级和最后一级的踏步前沿、防护栏杆及警告信号旗等。

蓝色表示指令、必须遵守的意思。如指令标志、交通指示标志等。

绿色表示通行、安全和提供信息的意思。可以通行或安全情况涂以绿色标记。如表示通行、机器启动按钮、安全信号旗等。

黑、白两种颜色一般作安全色的对比色，主要用作上述各种安全色的背景色，例如安全标志牌上的底色一般采用白色或黑色。

在电力系统中相当重视色彩对安全生产的影响，因色彩标志比文字标志明显，不易出错。在变电站工作现场，安全色得到了广泛应用。例如各种控制屏，特别是主控制屏，用颜色信号灯区别设备的各种运行状态，值班人员可以根据不同色彩信号灯准确地判断设备的运行状态。

在电气上用黄、绿、红三色分别代表 A、B、C 三相，涂成红色的电气外壳表示其外壳有电，灰色的电器外壳表示其外壳接地或接零，线路上蓝色代表工作零线，明敷接地扁钢或圆钢涂黑色。用黄绿双色绝缘导线代表保护零线，直流电中红色代表正极、蓝色代表负极，信号和警告回路用白色。

二、安全标志

输配电常用的安全标志有禁止标志、警告标志、指令标志和提示标志。

1. 禁止标志

禁止标志的含义是禁止或制止人们想要做的某种动作。禁止标志牌的基本形式——长方形衬底板，上方是圆形带斜杠的禁止标志，下方为矩形补充标志。禁止标志牌长方形衬底色为白色，圆形斜杠为红色，禁止标志符号为黑色，补充标志为红底黑字。

常见的禁止标志主要如下：禁止烟火、禁止攀登 高压危险、禁止合闸线路有人工作、禁止吸烟、未经许可不得入内、施工现场禁止通行等。电缆标志桩和电缆标志牌（下有电缆 严禁开挖）属于禁止标志。

2. 警告标志

警告标志的含义是促使人们提高对可能发生危险的警惕性。警告标志牌的基本形式是一长方形衬底牌，上方是正三角形警告标志，下方为矩形补充标志。警告标志牌长方形衬底色为白色，正三角形及标志符号为黑色，衬底矩形补充标志为黑框字体，字为黑色，白色衬底。

常见的警告标志主要如下：止步高压危险、当心触电、当心坠落、当心落物、当心电缆等。

3. 指令标志

指令标志的含义是强制人们必须做出某种动作或采取防范措施的图形标志。指令标志的基本形式是一长方形衬底牌，上方是圆形的指令标志，下方为矩形补充标志。指令标志牌长方形衬底色为白色，圆形衬底色为蓝色，标志符号为白色，矩形补充标志为黑框黑字。

常见的指令标志主要如下：必须戴安全帽、必须系安全带、注意通风等。

4. 提示标志

提示标志的含义是向人们提供某种信息的图形标志。提示标志牌的基本形式是一正方形底牌，内为圆形提示标志。提示标志圆形为白色，黑字，衬底色为绿色。

常见的提示标志主要如下：从此上下、在此工作等。电缆地面走向标志牌和标志碗属于提示标志。

参考题

一、单选题

1. 电气作业人员必须熟知本工种的（　　　）和施工现场的安全生产制度，不违章作业。

A. 生产安排　　　　　　B. 安全操作规程　　　　　　C. 工作时间

2. 电气安全管理人员应具备必要的（　　　）知识，并根据实际情况制定安全措施，有计划地组织安全生产管理。

A. 组织管理　　　　　　B. 电气安全　　　　　　C. 电气基础

3. 电气作业人员，应认真贯彻执行（　　　）的方针，掌握电气安全技术，熟悉电气安全的各项措施，以防事故发生。

A. 安全第一、预防为主、综合治理

B. 安全重于泰山

C. 科学技术是第一生产力

4. 防止人身电击，最根本的是对电气作业人员或用电人员进行（　　　），严格执行有关安全用电和安全工作规程，防患于未然。

A. 安全教育和管理　　　　B. 技术考核　　　　　　　C. 学历考核

二、判断题

1. 作为一名电气工作人员，发现任何人员有违反《电业安全工作规程》的行为时应立即制止。（　　　）

2. 根据国家规定，从事电气作业的人员必须接受国家规定的培训，经培训考试合格后方可持证上岗。（　　　）

3. 在电气施工中，必须遵守国家规定的安全规章制度，安装电气线路时应根据实际情况并以方便使用者为原则安装。（　　　）

4. 合理的规章制度是保证安全生产的有效措施，工矿企业等有条件的单位应建立适合自己情况的安全生产规章制度。（　　　）

5. 为了保证电气作业的安全性，新入厂的工作人员只有接受工厂、车间等部门的两级安全教育，才能从事电气作业。（　　　）

6. 电气作业人员应根据实际情况，遵守有关安全法规、规程或制度。（　　　）

7. 凡在高压电气设备上进行检修、试验、清扫检查等工作时，若需要停电或部分停电需要填用第一种工作票。（　　　）

8. 在二次接线回路上工作且无须将高压设备停电时，应使用第一种工作票。（　　　）

9. 高压验电器验电时，应戴绝缘手套，并使用被测设备相应电压等级的验电器。（　　　）

电工基础知识

　　本章主要介绍了电工理论基本知识及电路、电磁、交直流回路等方面的基本概念，这些是学习电力专业课程需必备的基础知识。本章主要包括电路基础知识、电磁感应和磁路、交流电路等内容。

第一节 电路基础知识

一、电位、电压及电源

1. 电位

电位是衡量电荷在电路中某点所具有能量的物理量，当一物体带有电荷时，该物体就具有一定的电位能，我们把这电位能叫作电位。电位是相对的，电路中某点电位的大小与参考点（即零电位点）的选择有关，电路中任一点的电位，就是该点与零电位点之间的电位差。比零电位点高的电位为正，比零电位点低的电位为负。电位降低的方向就是电场力对正电荷做功的方向。电位的单位是伏特，简称伏（V）。

2. 电压（电位差）

电压又称电位差，是衡量电场力做功本领大小的物理量，是电路中任意两点间电位的差值。A、B 两点的电压以 U_{AB} 表示，$U_{AB}=U_A-U_B$。

电位差是产生电流的原因，如果没有电位差，就不会有电流。电压的单位也是伏特，简称伏（V）。常用电压单位有千伏（kV）、毫伏（mV），它们之间的换算关系为：$1kV=10^3V$，$1V=10^3mV$。

3. 电源

电源是将其他形式能转换成电能的装置。电动势就是衡量电源能量转换本领的物理量，用字母 E 表示，它的单位也是伏特。

电源的电动势只存在于电源内部，电动势的方向从负极指向正极。电动势的大小等于外力克服电场力把单位正电荷在电源内部从负极移到正极所做的功。

二、电流与电流密度

1. 电流

电流就是电荷有规律的定向移动，人们规定正电荷定向移动的方向为电流的方向。

衡量电流大小和强弱的物理量称为电流强度，用 I 表示，单位为安培，简称安（A）。常用电流强度单位还有 kA（千安）、mA（毫安）、μA（微安），它们之间的换算关系是：$1kA=10^3A$，$1A=10^3mA$，$1mA=10^3μA$。

若在时间 t 内通过导体横截面的电量是 Q，电量的单位为库伦（C）。则电流强度 I 就可以表示为：

$$I=\frac{Q}{t} \tag{2-1}$$

式中 I——电流强度，A；

Q——电量，C；

t——时间，s。

式（2-1）表示的意义：若在 1s 内通过导体横截面的电量为 1C，则电流强度为 1A。

2. 电流密度

流过导体单位截面积的电流叫电流密度。电流密度用字母 J 表示，则有：

$$J=\frac{I}{S} \tag{2-2}$$

式中 J——电流密度，A/mm^2；

I——电流强度，A；

S——导体横截面积，mm^2。

［**例 2-1**］已知横截面积为 $10mm^2$ 的导线中，流过的电流为 200A，则该

导线中的电流密度为多少？

解：根据电流密度计算公式：$J=\dfrac{I}{S}$

该导线中的电流密度：$J=\dfrac{I}{S}=\dfrac{200}{10}=20\,(\text{A/mm}^2)$

所以该导线的电流密度为 20A/mm²。

三、电阻与电导

1. 电阻

电阻是反映导体对电流阻碍作用大小的物理量。电阻用字母 R 表示，单位是欧姆，简称欧（Ω）。常用的电阻单位有 Ω（欧）、kΩ（千欧）和 MΩ（兆欧），它们之间的换算关系是：$1\text{k}\Omega=10^3\Omega$，$1\text{M}\Omega=10^3\text{k}\Omega=10^6\Omega$。

电阻的表达式为：

$$R=\rho\frac{L}{S} \tag{2-3}$$

式中　R——电阻，Ω；

　　　ρ——电阻率，Ω·m；

　　　L——导体长度，m；

　　　S——导体截面积，m²。

由式（2-3）可知，导体电阻的大小与导体的长度成正比，与导体的截面积成反比，同时跟导体材料的性质、环境温度等很多因素有关。

一般导体的电阻随温度变化而变化，纯金属的电阻随温度的升高而增大，温度每升高 1℃，电阻要增大千分之几。电解液和碳素物质的电阻随温度的升高而减小。半导体的电阻与温度的关系很大，温度稍有增加阻值就会减小很多。有的合金（如康铜、锰铜）的电阻与温度变化的关系不大，因此该类合金（康铜、锰铜）是制造标准电阻的好材料。利用电阻与温度变化的关系可制造电阻温度计。

2. 电导

电阻的倒数称为电导，电导是反映导体导电性能的物理量。电导用符号 G 表示，电导的单位是 $1/$ 欧（$1/\Omega$），即西门子，简称西（S）。

电导计算公式如下：

$$G=\frac{1}{R}$$

（2-4）

由式（2-4）可知，导体的电阻越小，电导就越大，表示该导体的导电性能越好。

四、欧姆定律

欧姆定律是反映电路中电压、电流、电阻三者之间关系的定律。

1. 部分电路欧姆定律

图 2-1 是不含电源的部分电路。

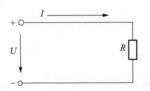

图 2-1　不含电源的部分电路

当在电阻 R 两端加上电压 U 时，电阻 R 中就有电流 I 流过。如果加在电阻 R 两端的电压 U 发生变化，流过电阻的电流 I 也会随之发生正比例变化。公式为

$$I=\frac{U}{R}$$

或
$$U=IR$$

或 $$R=\frac{U}{I}$$ （2-5）

式中　U——电压，V；

　　　R——电阻，Ω；

　　　I——电流，A。

式（2-5）说明：流过导体的电流强度与这段导体两端的电压成正比，与这段导体的电阻成反比，这一定律称为部分电路欧姆定律。部分电路欧姆定律用于分析通过电阻的电流与端电压的关系。

2. 全电路欧姆定律

全电路如图 2-2 所示，该电路是含有电源的闭合电路的全电路。图中的虚线框内代表一个电源。R_0 是电源内部的电阻，称为内电阻。

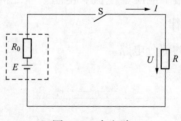

图 2-2　全电路

在图 2-2 中，当开关 S 闭合时，负载 R 上就有电流流过，这是因为负载两端有了电压 U，电压 U 是电动势 E 产生的，它既是负载电阻两端的电压，又是电源的端电压。由于电流在闭合回路中流过时，在电源内电阻上会产生压降，所以这时全电路中电流可用式（2-6）计算。

$$I=\frac{E}{R_0+R}$$ （2-6）

式中　E——电源的电动势，V；

　　　R——外电路的电阻，Ω；

　　　R_0——电源内电阻，Ω；

I——电路中电流，A。

从上面分析可知：在一个闭合电路中，电流强度与电源的电动势成正比，与电路中内电阻和外电阻之和成反比，这个定律称为全电路欧姆定律。全电路欧姆定律用于分析回路电流与电源电动势的关系。

当电路闭合时，电源的端电压等于电源电动势减去电源的内阻压降，当电源电动势大小和内阻大小一定时，电路中电流越大，则电源端电压的数值越小。当电源两端不接负载时，电源的开路电压等于电源的电动势，但二者方向相反。

[例2-2] 设图 2-1 中电阻是 5Ω，电压为 10V。请计算这时通过电阻的电流多大（忽略连接线的电阻）？

解：根据欧姆定律可得：$I = \dfrac{U}{R} = \dfrac{10}{5} = 2(A)$

所以，通过电阻的电流为 2A。

[例2-3] 设图 2-2 中电源的电动势为 10V，内阻 R_0 为 0.5Ω，外接负载电阻 R 为 9.5Ω。当开关 S 闭合时，电路中电流是多少？外接负载电阻上的电压降多大？

解：根据全电路欧姆定律可得：

电路中电流 $I = \dfrac{E}{R_0 + R} = \dfrac{10}{0.5 + 9.5} = 1(A)$

外接负载电阻 R 上的电压降 $U = IR = 1 \times 9.5 = 9.5$（V）

所以，电流中的电流为 1A，外接负载电阻上的电压降为 9.5V。

五、电能与电功率

电流通过用电器时，用电器将电能转换成其他形式的能，如热能、光能和机械能等。我们把电能转换成其他形式的能的过程叫作电流做功，简称电功，用字母 W 表示，电功的单位是焦耳，简称焦（J）。电流通过用电器所做的功与用电器的端电压、流过的电流、所用的时间和电阻有如下关系：

$$W=UIt$$

或 $$W=I^2Rt$$

或 $$W=\frac{U^2}{R}t \qquad (2-7)$$

式中 W——电功，J；

U——电压，V；

I——电流，A；

R——电阻，Ω；

t——时间，s。

电功率表示单位时间电能的变化，简称功率，用字母 P 表示，电功率 P 的单位是焦耳/秒（J/s），又称瓦特，简称瓦（W）。在实际工作中，常用的电功率单位还有千瓦（kW）、毫瓦（mW）等，它们之间的关系为：$1kW=10^3W$，$1W=10^3mW$。电功率 P 的数学表达式如下：

$$P=\frac{W}{t} \qquad (2-8)$$

将式（2-7）代入式（2-8）后得到：

$$P=\frac{U^2}{R}$$

或 $$P=UI$$

或 $$P=I^2R \qquad (2-9)$$

从式（2-9）中可以得出如下结论：

（1）当用电器的电阻一定时，电功率与电流平方或电压平方成正比。若通过用电器的电流是原来电流的 2 倍，则电功率就是原电功率的 4 倍；若加在用电器两端电压是原电压的 2 倍，则电功率也是原功率的 4 倍。

（2）当流过用电器的电流一定时，电功率与电阻成正比。对于串联电阻电路，流经各个电阻的电流是相同的，则串联电阻的总功率与各个电阻的电阻和成正比。

（3）当加在用电器两端的电压一定时，电功率与电阻成反比。对于并联电阻电路，各个电阻两端电压相等，则各个电阻的电功率与各电阻的阻值成反比。

在实际工作中，电功的单位常用千瓦小时（kW·h），俗称度。1kW·h 是 1 度，它表示功率为 1kW 的用电器 1h 所消耗的电能，即：

$$1kW·h=1kW×1h=1000W×3600s=3.6×10^6 J$$

在电路中，电源产生的功率等于负载消耗功率与内阻损耗的功率之和。

[例2-4] 有一额定值为 220V、2500W 的电阻炉接在 220V 的交流电源上，电阻炉的电阻和通过它的电流各为多少？

解：电阻炉的电阻：$R=\dfrac{U^2}{P}=\dfrac{220^2}{2500}=19.36$（Ω）

则通过电阻炉的电流：$I=\dfrac{P}{U}=\dfrac{2500}{220}=11.36$（A）

所以，电阻炉的电阻为 19.36Ω，通过它的电流为 11.36A。

六、电路与电路连接

1. 电路

电路是由电气设备和电气元件按一定方式组成的，是电流的流通路径，又称回路。在电路中，导线将电源和负载连接起来，构成电流的完整回路。根据电路中电流的性质不同，可分为直流电路和交流电路。电路中电流的大小和方向不随时间变化的电路，称为直流电路。电路中电流的大小和方向随时间变化的电路，称为交流电路。

电路包含电源、负载和中间环节三个基本组成部分。在电路中，给电路提供能源的装置称为电源，使用电能的设备或元器件称为负载，也叫负荷，连接电源和负载的部分称为中间环节。

在电路中，导线把电流从电源引出，通过负载再送回电源，构成电流的完整回路。电流在外电路中从电源的正极流向负极，在电源内部是从电源负极流向正极。

电路通常有通路、开路、短路三种状态。

电路示意图如图 2-3 所示，下面以图 2-3 所示的电路来介绍电路的状态。

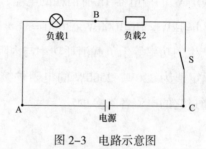

图 2-3　电路示意图

（1）通路：开关 S 闭合，电路构成闭合回路，此时的电路状态称为通路。电流在闭合的电路中才能产生。

（2）开路：开关 S 断开或电路中某处断开，电路被切断，这时电路中没有电流流过，此处电路状态为开路，开路又称断路。

（3）短路：在图 2-3 中，若 A、B 两点用导线直接接通，则称为负载 1 被短路。若 A、C 两点用导线直接接通，则称为负载全部被短路，或称为电源被短路。电路发生短路时，电源提供的电流即电路中的电流将比通路时大很多倍，会造成损坏电源、烧毁导线，甚至造成火灾等严重事故。

2. 电阻串联电路

在电路中，电阻的连接方法主要有串联、并联和混联。

在一段电路上，将几个电阻的首尾依次相连所构成的一个没有分支的电路，叫作电阻的串联电路。电阻串联电路如图 2-4 所示。

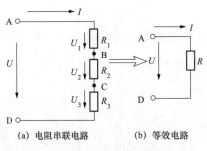

(a) 电阻串联电路　　　(b) 等效电路

图 2-4　电阻串联电路

电阻串联电路中具有以下特点：

（1）串联电路中流过每个电阻的电流相等，是同一个电流，即

$$I = I_1 = I_2 = I_3 = \cdots = I_n \qquad (2\text{-}10)$$

式（2-10）中的脚标 1，2，3，…，n 分别代表第 1，第 2，第 3，…，第 n 个电阻。

（2）电路两端的总电压等于各电阻两端电压之和，即

$$\begin{aligned} U &= U_1 + U_2 + U_3 + \cdots + U_n \\ &= IR_1 + IR_2 + IR_3 + \cdots + IR_n \end{aligned} \qquad (2\text{-}11)$$

从式（2-11）可看出：总电压分布在各个电阻上，电阻大的分到的电压大。

（3）串联电路的等效电阻（即总电阻）等于各串联电阻之和，即

$$R = R_1 + R_2 + R_3 + \cdots + R_n \qquad (2\text{-}12)$$

（4）在电阻串联的电路中，电路的总功率等于各串联电阻的功率之和。

电阻串联的应用极为广泛，如：①用几个电阻串联来获得阻值较大的电阻；②用串联电阻组成分压器，使用同一电源获得几种不同的电压；③当负载的额定电压(标准工作电压)低于电源电压时，采用电阻与负载串联的方法，使电源的部分电压分配到串联电阻上，以满足负载正确的使用电压（如一个指示灯额定电压 12V，电阻 10Ω，若将它接在 24 V 电源上，必须串联一个阻值为 10Ω 的电阻，指示灯才能正常工作）；④用电阻串联的方法来限制调节电路中的电流，在电工测量中普遍用串联电阻法来扩大电压表的量程。

3. 电阻并联电路

将两个或两个以上的电阻两端分别接在电路中相同的两个节点之间，这种连接方式叫作电阻的并联电路。电阻并联电路如图 2-5 所示。

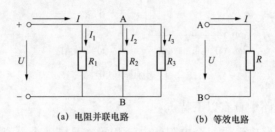

(a) 电阻并联电路　　　(b) 等效电路

图 2-5　电阻并联电路

电阻并联电路具有以下特点：

（1）并联电路中各电阻两端的电压相等，且等于电路两端的电压，即

$$U=U_1=U_3=\cdots=U_n \qquad (2\text{-}13)$$

（2）并联电路中的总电流等于各电阻中电流之和，即

$$I=I_1+I_2+I_3+\cdots+I_n=\frac{U}{R_1}+\frac{U}{R_2}+\frac{U}{R_3}+\cdots+\frac{U}{R_n} \qquad (2\text{-}14)$$

从式（2-14）可看到，支路电阻大的分支电流小，支路电阻小的分支电流大。

（3）并联电路的等效电阻（即总电阻）的倒数，等于各并联电阻倒数之和，即

$$\frac{1}{R}=\frac{1}{R_1}+\frac{1}{R_2}+\frac{1}{R_3}+\cdots+\frac{1}{R_n} \qquad (2\text{-}15)$$

两个电阻 R_1、R_2 并联，其等效电阻 R 可表示为

$$R=\frac{R_1R_2}{R_1+R_2} \qquad (2\text{-}16)$$

（4）在电阻并联的电路中，电路的总功率等于各分支电路的功率之和。

电阻并联的应用同电阻串联的应用一样，也很广泛。如：①因为电阻并联的总电阻小于并联电路中的任意一个电阻，因此，可以用电阻并联的方法来获得阻值较小的电阻；②由于并联电阻各个支路两端电压相等，因此，工作电压相同的负载，如电动机、电灯等都是并联使用，任何一个负载的工作状态既不受其他负载的影响，也不影响其他负载。在并联电路中，负载个数增加，电路的总电阻减小，电流增大，负载从电源取用的电能多，负载变重；负载数目减少，电路的总电阻增大，电流减小，负载从电源取用的电能少，负载变轻。因此，人们可以根据工作需要启动或停止并联使用的负载。

在电工测量中，应用电阻并联方法组成分流器来扩大电流表的量程。

4. 电阻混联电路

在一个电路中既有电阻的串联，又有电阻的并联，这种联结方式称为混合联结，简称混联。

计算混联电路时要根据电路的情况，运用串联和并联电路知识，逐步化简，最后求出总的等效电阻，计算出总电流。

[**例2-5**] 如图2-6所示的电路中，$U_{ab}=16V$，$R_1=24\Omega$，$R_2=24$，$R_3=12\Omega$，$R_4=4\Omega$，则总电流I是多少？

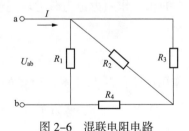

图2-6　混联电阻电路

解： 由图2-6可知，此电路是个混联电阻电路，由图可知R_3和R_2是并联关系，即

$$R'=\frac{R_3R_2}{R_3+R_2}=\frac{12\times24}{12+24}=8(\Omega)$$

R' 和 R_4 是串联关系，得 $R'' = R' + R_4 = 8 + 4 = 12\,(\Omega)$

R'' 和 R_1 又是并联关系，得 $R_总 = \dfrac{R''R_1}{R''+R_1} = \dfrac{12 \times 24}{12+24} = 8\,(\Omega)$

则总电流 $I = \dfrac{U_{ab}}{R_总} = \dfrac{16}{8} = 2(A)$

第二节　电磁感应和磁路

一、磁场

1. 磁体与磁极

物体能够吸引铁、钴、镍及其合金的性质称为磁性，具有磁性的物体称为磁体。

磁体上磁性最强的位置称为磁极，磁体有南极和北极两个磁极，通常用字母 S 表示南极（常涂红色），用字母 N 表示北极（常涂绿色或白色）。任何一个磁体的磁极总是成对出现的，若把一个条形磁铁分割成若干段，则每段都会同时出现南极、北极，这叫作磁极的不可分割性。

磁极与磁极之间存在的相互作用力称为磁力。同性磁极相排斥，异性磁极相吸引。

2. 磁场与磁力线

磁体周围存在磁力作用的空间称为磁场，磁场的磁力用磁力线来表示。磁力线方向如图 2-7 所示。如果把一些小磁针放在一根条形磁铁附近，就会发现在磁力作用下，小磁针排列成图 2-7（a）的形状，如果连接小磁针在各点上 N 极的指向，就构成一条由 N 极到 S 极的光滑曲线，此曲线称之为磁力线。

(a) 小磁针排列方向

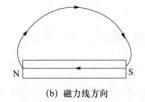
(b) 磁力线方向

图 2-7　磁力线方向

规定在磁体外部，从 N 极出发进入 S 极为磁力线的方向；在磁体内部，磁力线的方向是由 S 极到达 N 极。这样磁体内外形成一条闭合曲线，如图 2-7（b）所示。

磁力线上任何一点的切线方向就是该点的磁场方向，磁力线与磁场分布如图 2-8 所示。磁力线是人们假想出来的线，可以用实验方法显示出来。在条形磁铁上放一块玻璃或纸板，在玻璃或纸板上撒上铁屑并轻敲，铁屑便会有规则地排列成图 2-8 所示的线条。

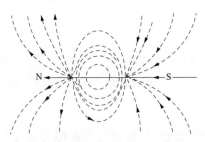

图 2-8　磁力线与磁场分布

从图 2-8 可以看出，磁极附近磁力线最密，表示这里磁场最强；在磁体中间，磁力线较稀，表示磁场较弱。因此可以用磁力线的多少和疏密程度来描绘磁场的强弱。

二、磁场强度

1. 磁通

在磁场中，把通过与磁场方向垂直的某一面积的磁力线总线，称为通过该面积的磁通量（又称磁通），用字母 Φ 表示。磁通的单位是韦伯（Wb），简称韦，工程上常用比韦小的单位，叫麦克斯（Mx），简称麦，$1Wb = 10^8 Mx$。

2. 磁感应强度

磁感应强度是用来表示磁场中各点磁场强弱和方向的物理量，用字母 B 表示。磁感应强度的单位是特斯拉（T），简称特。在工程上，常用较小的磁感应强度单位高斯（Gs），$1T = 10^4 Gs$。磁感应强度 B 既有大小，又有方向。磁场中某点磁感应强度 B 的方向就是该点磁力线的切线方向。

如果磁场中各处的磁感应强度 B 相同，则这样的磁场称为均匀磁场。在均匀磁场中，磁感应强度可表示为

$$B = \frac{\Phi}{S} \tag{2-17}$$

式中　B——磁感应强度，T；

　　　Φ——磁通，Wb；

　　　S——面积，m^2。

在均匀磁场中，磁感应强度 B 等于单位面积的磁通量。如果通过单位面积的磁通越多，则磁场越强。所以磁感应强度有时又称磁通密度。

3. 磁导率

为了衡量各种物质导磁的性能，通常用磁导率（导磁系数）μ 来表示该材料的导磁性能。磁导率 μ 的单位是亨 / 米（H/m）。

真空的磁导率 $\mu_0 = 4\pi \times 10^{-7}$ H/m，μ_0 是一个常数，用其他材料的磁导率和它相比较，其比值称为相对磁导率，用字母 μ_r 表示，即

$$\mu_r = \frac{\mu}{\mu_0} \tag{2-18}$$

根据各种物质的相对磁导率 μ_r 的大小，可以把物质分为反磁物质、顺磁性物质、铁磁性物质三类。反磁物质的相对磁导率小于 1，如铜、银、碳和铋等；顺磁性物质的相对磁导率略大于 1，如铂、锡和铝等；铁磁性物质的相对

磁导率远大于1，如铁、镍、钴和这些金属的合金等。由于铁磁性物质的相对磁导率很高，所以铁磁性物质被广泛地应用于电工技术方面（如制作变压器、电磁铁、电动机的铁芯等）。

4. 磁场强度

磁场强度是一个矢量，常用字母 H 表示，其大小等于磁场中某点的磁感应强度 B 与媒介质磁导率 μ 的比值。即

$$H=\frac{B}{\mu}$$

（2-19）

磁场强度的单位是安 / 米（A/m），较大的单位是奥斯特（Oe），简称奥，换算关系为：1Oe = 80A/m。在均匀媒介质中，磁场强度 H 的方向和所在点的磁感应强度 B 的方向相同。

三、磁场对通电导体的作用

1. 直线电流的磁场

一根直导线通过电流后在其周围将产生磁场，流过导体的电流越大，周围产生的磁场越强，反之越弱。磁场的方向可用右手螺旋定则确定。直线电流磁场方向判别如图 2-9 所示，用右手握住直导体，大拇指的方向表示电流方向，弯曲四指的指向即为磁场方向。

长直载流导线周围的磁场分布为离导线越近，磁力线分布越密。长直载流导线周围磁力线的形状和特点是环绕导线的同心圆。

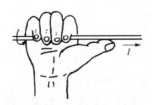

图 2-9　线电流磁场方向判别

2. 环形电流的磁场

一个线圈通过电流后线圈周围会产生磁场，产生磁场的强弱与线圈通电电流的大小有关，通过电流越大，产生的磁场越强，反之越弱。另外，磁场的强弱还与线圈的圈数有关，圈数越多磁场就越强。磁场的方向也可用右手螺旋定则判别。环形电流磁场方向判别如图 2-10 所示，用右手握螺旋管，弯曲四指表示电流方向，则拇指方向便是 N 极方向（磁场方向）。

图 2-10　环形电流磁场方向判别

3. 磁场对通电导体的作用

载流直导线在磁场中所受到的力称为电磁作用力，简称电磁力，用字母 F 表示。电磁力既有大小，也有方向。磁场越强所受的力就越大，磁场越弱所受的力就越小；导体通过的电流大所受的力就大，通过的电流小所受的力就小。在均匀磁场中，通电直导体受力大小可按式（2-20）计算。

$$F = BIL\sin\alpha \tag{2-20}$$

式中　F——导体受到的磁力，N；

　　　B——均匀磁场的磁感应强度，Wb / m^2；

　　　I——导体中的电流强度，A；

　　　L——导体在磁场中的有效长度，m；

　　　α——导体与磁力线的夹角。

当导体与磁力线平行时，即 $\alpha = 0°$ 时，$\sin\alpha = 0$，此时导体受到的磁力 $F=0$。当导体与磁力线垂直时，即 $\alpha = 90°$ 时，$\sin\alpha=1$，此时导体受到的磁力最大，最大磁力为 F_{max}，$F_{max} = BIL$。

通电直导体在磁场中受力的方向可用左手定则判断，左手定则示意图如图 2-11 所示，将左手伸平，大拇指与四指垂直，让磁力线穿过手心，四指指向电流方向，则大拇指所指方向就是导体受力方向。

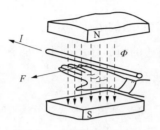

图 2-11　左手定则示意图

四、磁路

磁路是磁通 Φ 的闭合路径，几种电气设备的磁路如图 2-12 所示。其中图 2-12（a）中变压器的磁路是双回路方形磁路；图 2-12（b）中电磁铁的磁路是单回路磁路，回路中有一小段空气隙；而图 2-12（c）中是磁电式仪表的磁路，回路中有两小段空气隙。

线圈绕在由铁磁材料制成的铁芯上并通以电流，便产生磁通，故此线圈称为励磁绕组。绕组中的电流称为励磁电流。磁路的几何形状决定于铁芯的形状和励磁绕组在铁芯上的安置位置。

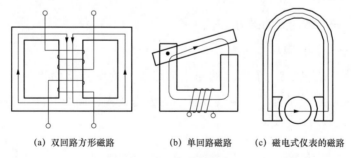

(a) 双回路方形磁路　　　(b) 单回路磁路　　(c) 磁电式仪表的磁路

图 2-12　几种电气设备的磁路

励磁绕组通过励磁电流会产生磁通。通过实验发现，线圈匝数越多，励磁电流越大，产生的磁通也就越多。我们把励磁电流 I 和线圈匝数 N 的乘积称为磁动势，常用字母 F 表示，单位是安（A）。磁动势 F 计算公式如下：

$$F = NI \qquad\qquad (2-21)$$

磁阻 R_m 表示磁介质对磁通的阻碍作用的大小。磁介质的磁导率 μ 越大，横截面积 S 越大，则对磁通的阻碍作用越小；而磁路 L 越长，对磁通的阻碍作用越大。磁阻 R_m 计算如下：

$$R_m = \frac{L}{\mu S} \qquad\qquad (2-22)$$

式中　R_m——磁阻，H^{-1}；

　　　L——磁路，m；

　　　μ——磁介质，H/m；

　　　S——横截面积，m^2。

磁路中的磁通 Φ 等于作用在该磁路上的磁动势 F 除以磁路的磁阻 R_m，这就是磁路的欧姆定律，表示如下：

$$\Phi = \frac{F}{R_m} \qquad\qquad (2-23)$$

式中　Φ——磁通，Wb；

　　　F——导体受到的磁力，N；

　　　R_m——磁阻，Ω。

磁通量总是形成一个闭合回路，但路径与周围物质的磁阻有关，它总是集中于磁阻最小的路径。空气和真空的磁阻较大，而容易磁化的物质（如软铁）则磁阻较低。

五、电磁感应

当导体相对于磁场运动而切割磁力线或者绕阻中磁通发生变化时，在导体或绕阻中都会产生感应电动势，若导体或绕阻构成闭合回路，则导体或绕阻中就有电流产生，这种现象称为电磁感应。由电磁感应产生的电动势称为感应电动势，由感应电动势引起的电流称为感应电流。

对于在磁场中切割磁力线的直导体来说，感应电动势可用式（2-24）计算。

$$e = BvL\sin\alpha \tag{2-24}$$

式中　e——感应电动势，V；

　　　B——磁感应强度，Wb/m^2；

　　　v——导体切割磁力线速度，m/s；

　　　L——导体在磁场中的有效长度，m；

　　　α——导体运动方向与磁力线的夹角。

当 $\alpha=0°$ 时，表示导线运动方向与磁力线平行，这时 $e = 0$；当 $\alpha=90°$ 时，表示导体垂直于磁力线运动，这时切割磁力线最大，感应电动势 e 也最大，$e_{\max} = BvL$。

导体上感应电动势的方向可用右手定则决定，右手定则如图 2-13 所示。将右手的掌心迎着磁力线，大拇指指向导线运动速度 v 的方向，四指的方向即是感应电动势 e 的方向。

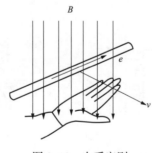

图 2-13　右手定则

六、自感与互感现象

1. 自感现象

线圈中的自感现象如图 2-14 所示，图中为一个电感线圈。当线圈电流变化时，由这个电流所产生的磁通 Φ 相应发生变化。根据电磁感应原理，线圈中将产生感应电动势 e_L。由于 e_L 是线圈自身电流变化产生的，所以称 e_L 为自感电动势。线圈中的这种电磁现象就称为自感现象。

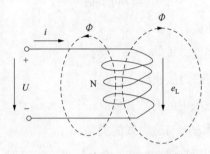

图 2-14　线圈中的自感现象

2. 互感现象

两线圈的互感现象图 2-15 所示，两个线圈同绕在一个铁芯磁路上，或使两个线圈放得很近，那么第一个线圈产生的磁通（用 Φ_{11} 表示）就有一部分穿过第二个线圈（用 Φ_{12} 表示）。

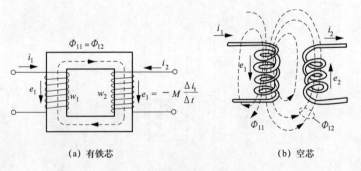

(a) 有铁芯　　　　　　　　　　(b) 空芯

图 2-15　两线圈的互感现象

当第一个线圈中电流变化时，会引起第二个线圈中磁通链的变化，在第二个线圈上也有感应电动势。同理，当第二个线圈中电流变化时，亦将引起第一个线圈磁通链的变化，在第一个线圈中也出现感应电动势。这种现象叫作互感现象，这个电动势叫互感电动势。

第三节　交流电路

一、交流电的基本概念

交流电是指大小和方向随时间变化而变化的电流或电压（电动势）。通常将交流电分为正弦交流电和非正弦交流电两大类。正弦交流电是指其交流量随时间按正弦规律变化。

人们经常用图形表示电流或电压（电动势）随时间变化的规律，这种图形称为波形图，正弦交流电的产生及其波形如图 2-16 所示。

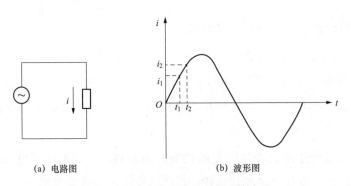

(a) 电路图　　　　　　　　(b) 波形图

图 2-16　正弦交流电的产生及其波形

1. 描述交流电大小的物理量

（1）瞬时值。交流电在某一瞬时的数值称为瞬时值。常用英文的小写字母表示，i、e、u 分别表示电流、电压、电动势。如在图 2-16 中，t_1 时刻的交流电的瞬时值为 i_1，在 t_2 时刻的交流电的瞬时值为 i_2 等。

（2）最大值。交流电的最大瞬时值称为交流电的最大值。常用英文的大写字母加下标 m 表示。E_m、U_m、I_m 分别表示电动势、电压、电流的最大值。

（3）有效值。交流电的有效值是从热效应的角度来描述交流电大小的物理量。它的定义是将直流电与交流电分别通过同一等值电阻，如果在相等时间内，二者在电阻上产生的热量相等，则此直流电的数值被称为交流电的有效值。也就是说，交流电的有效值就是与它的热效应相等的直流值。

交流电的有效值常用英文的大写字母表示。交流电压、电流、电动势的有效值分别用字母 U、I、E 表示。正弦交流电的有效值与最大值的数量关系为：

$$U = \frac{1}{\sqrt{2}} U_m \tag{2-25}$$

$$I = \frac{1}{\sqrt{2}} I_m \tag{2-26}$$

$$E = \frac{1}{\sqrt{2}} E_m \tag{2-27}$$

2. 描述交流电变化快慢的物理量

描述交流电变化快慢的物理量有周期、频率、角频率。

（1）周期。交流电变化一次所需要的时间称为交流电的周期。周期常用符号 T 表示，单位是秒（s），较小的单位有毫秒（ms）和微秒（μs）。它们之间的关系为：$1s = 10^3 ms = 10^6 \mu s$。

周期的长短表示交流电变化的快慢，周期越小，说明交流电变化一周所需的时间越短，交流电的变化越快；反之，交流电的变化越慢。

（2）频率。交流电的频率是指 1s 内交流电重复变化的次数，用 f 表示，单位是赫兹（Hz），简称赫。如果某交流电在 1s 内变化了 50 次，则该交流电的频率就是 50Hz。比赫兹大的常用单位是 kHz（千赫）和 MHz（兆赫），换算关系为：$1MHz = 10^3 kHz = 10^6 Hz$。

频率和周期一样，是反映交流电变化快慢的物理量。它们之间的关系为：

$$T = \frac{1}{f} \text{ 或 } f = \frac{1}{T} \tag{2-28}$$

（3）角频率。角频率就是交流电每秒钟内变化的角度，常用 ω 来表示。这里的角度常用对应的弧度表示（ $1\text{rad}=360°/2\pi$ ）。因此角频率的单位是弧度/秒（ rad/s ）。

周期、频率和角频率的关系如下：

$$\omega = \frac{2\pi}{T} = 2\pi f$$

或

$$f = \frac{\omega}{2\pi} \tag{2-29}$$

式中　ω——交流电的角频率，rad/s；

　　　f——交流电的频率，Hz；

　　　T——交流电的周期，s。

3. 正弦交流电的初相角、相位、相位差

两垂直线圈中电动势变化情况如图 2-17 所示，图中两个相同的线圈固定在同一个旋转轴上，它们相互垂直，以角速度逆时针旋转。

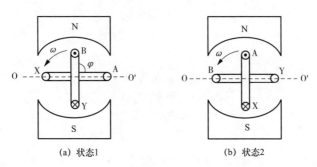

(a) 状态1　　　　　　　　　(b) 状态2

图 2-17　两垂直线圈中电动势变化情况

在 AX 和 BY 线圈中产生的感应电动势分别为 e_1 和 e_2：

$$e_1 = E_\text{m} \sin(\omega t + \varphi_1) \tag{2-30}$$

$$e_2 = E_\text{m} \sin(\omega t + \varphi_2) \tag{2-31}$$

式（2-30）、式（2-31）中，$\omega t+\varphi_1$ 和 $\omega t+\varphi_2$ 是表示交流电变化进程的一个角度，称为交流电的相位或相角，它决定了交流电在某一瞬时所处的状态。

$t=0$ 时的相位叫初相位或初相，它是交流电在计时起始时刻的电角度，反映了交流电的初始值。两个频率相同的交流电的相位之差叫相位差，相位差就是两个电动势的初相差。

如果交流电的频率、最大值、初相确定，就可以准确确定交流电随时间变化的情况。因此，频率、最大值和初相称为交流电的三要素。

4. 正弦交流电的表示方法

正弦交流电的表示方法主要有三角函数式法和正弦曲线法两种。它们能真实地反映正弦交流电的瞬时值随时间的变化规律，同时也能完整地反映出交流电的三要素。

（1）三角函数式法。正弦交流电（简称交流电）的电动势、电压、电流，在任意瞬间的数值叫交流电的瞬时值，用小写字母 e、u、i 表示。

瞬时值中最大的值称为最大值，用 E_m、U_m、I_m 分别表示电动势、电压、电流的最大值。

正弦交流电的电动势、电压、电流的三角函数式为：

$$e = E_m \sin (\omega t+\varphi_e)$$
$$u = U_m \sin (\omega t+\varphi_u) \qquad (2\text{-}32)$$
$$i = I_m \sin (\omega t+\varphi_i)$$

若知道了交流电的频率、最大值和初相，就能写出三角函数式，用它可以求出任一时刻的瞬时值。

[例 2-6] 已知正弦交流电的频率 $f=50$ Hz，最大值 $U_m=310$ V，初相 $\varphi=30°$。求 $t=1/300$ s 时的电压瞬时值。

解：电压的三角函数标准式为：$u = U_m \sin (\omega t+\varphi_u) = U_m \sin (2\pi ft+\varphi_u)$

则其电压瞬时值表达式为：$u = 310\sin (100\pi t+30°)$

将 $t=1/300$s 代入上式可得：

$$u = 310\sin(100\pi t+30°)$$
$$= 310\sin\left(100\times180°\times\frac{1}{300}+30°\right)$$
$$= 310\sin(60°+30°)$$
$$= 310\,(V)$$

所以，$t=1/300$ s 时的电压瞬时值为 301V。

（2）正弦曲线法——波形法。正弦曲线法就是利用三角函数式相对应的正弦曲线来表示正弦交流电的方法。正弦曲线如图 2-18 所示。

在图 2-18 中，横坐标表示时间 t 或者角度 ωt，纵坐标表示随时间变化的电动势瞬时值。图中正弦曲线反映出正弦交流电的初相 $\varphi=0°$、e 最大值 E_m、周期 T 以及任一时刻的电动势瞬时值。图 2-18 中的正弦曲线图也叫作波形图。

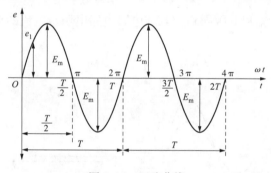

图 2-18　正弦曲线

二、单相交流电路

在交流电路中，电路的参数除了电阻 R 以外，还有电感 L 和电容 C，它们不仅对电流有影响，而且还影响了电压与电流的相位关系。

1. 纯电阻电路

纯电阻电路是只有电阻而没有电感、电容的交流电路。如白炽灯、电烙铁、电阻炉组成的交流电路都可以近似看成是纯电阻电路。纯电阻电路中对电流起阻碍作用的主要是负载电阻。

（1）纯电阻电路中电压与电流的关系。纯电阻电路和直流电路基本相似，纯电阻电路如图 2-19 所示。

当在电阻 R 的两端施加交流电压 $u = U_m \sin\omega t$ 时，电阻 R 中将通过电流 i，由于电压 u 与电流 i 的关系满足欧姆定律，因此，$i = I_m \sin\omega t$。如果用电流和电压的有效值表示，则有 $I = U/R$。

图 2-19　纯电阻电路

对于纯电阻电路，当外加电压是一个正弦量时，其电流也是同频率的正弦量，而且电流和电压同相位。纯电阻电路电压、电流的波形及相量图如图 2-20 所示。

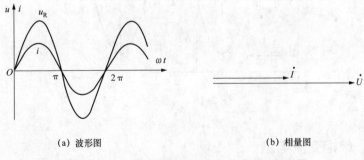

(a) 波形图　　　　　　　　　(b) 相量图

图 2-20　纯电阻电路电压、电流的波形及相量图

（2）纯电阻电路的功率。在纯电阻电路中，电压的瞬时值与电流的瞬时值的乘积叫瞬时功率。由于瞬时功率随时间不断变化，不易测量和计算，所以通常用瞬时功率在一个周期内的平均值 P 来衡量交流电功率的大小，这个平均值 P 称作有功功率，有功功率的单位是瓦（W）或千瓦（kW）。纯电阻电路中有功功率 P 可按式（2-33）计算。

$$P = UI \qquad (2-33)$$

式中　U——交流电压有效值，V；

　　　I——交流电流的有效值，A。

2. 纯电感电路

纯电感电路是电路中只有电感。纯电感电路的电路、波形及向量图如图 2-21 所示，图中电路为由一个线圈构成的纯电感交流电路。

（1）纯电感电路中电流与电压的关系。在纯电感电路中电流与电压的相位关系是电流滞后于电压 90°（π/2 rad），或者说电压超前电流 90°（π/2 rad）。电流与电压的波形图、相量图如图 2-21（b）、（c）所示。

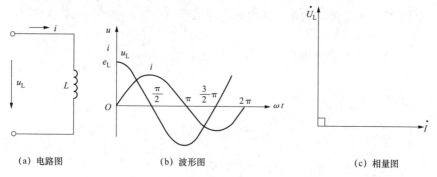

(a) 电路图　　　　　　　(b) 波形图　　　　　　　(c) 相量图

图 2-21　纯电感电路的电路、波形及相量图

在电感电路中，电感 L 呈现出来的影响电流大小的物理量称为感抗，用 X_L 表示，单位为欧（Ω）。X_L 按式（2-34）计算。

$$X_L = \omega L = 2\pi f L \qquad (2-34)$$

式中　ω——加在线圈两端交流电压的角频率，rad/s；

　　　L——线圈的电感量，H；

　　　f——加在线圈两端交流电压的频率，Hz。

电感量 L 的单位是亨（H），电感量 L 的单位还有毫亨（mH）等，$1H = 10^3 mH$。

在纯电感交流电路中，电流的有效值 I_L 等于电源电压的有效值 U 除以感抗 X_L。即

$$I_L = \frac{U}{X_L}$$

（2-35）

式中　I_L——电感电流，A；

　　　U——电源电压有效值，V；

　　　X_L——感抗，Ω。

感抗 X_L 是用来表示电感线圈对交流电阻碍作用的物理量。感抗的大小取决于通过线圈电流的频率和线圈的电感量。对于具有某一电感量的线圈而言，频率越高，感抗越大，通过的电流越小；反之，感抗越小，通过的电流越大。在直流电路中，由于频率为零，故线圈的感抗也为零，线圈的电阻很小，可以把线圈看成是短路的。

（2）纯电感电路的功率。纯电感电路的瞬时功率 P_L 计算公式如下：

$$
\begin{aligned}
P_L &= u_L i_L = U_m \sin\left(\omega t + \frac{\pi}{2}\right) \times I_{Lm} \sin\omega t \\
&= U_m I_{Lm} \sin\omega t \cos\omega t \\
&= \frac{1}{2} U_m I_{Lm} \sin 2\omega t
\end{aligned}
$$

（2-36）

纯电感电路的功率曲线如图 2-22 所示。

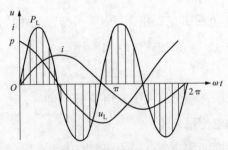

图 2-22　纯电感电路的功率曲线

从图 2-22 可以看到：在 0~T/4、T/2~3T/4 时，P_L 是正值，这表示线圈从电源吸取电能并把它转换为磁场能储存在线圈周围的磁场中，此时线圈起负载作用。但在 $T/4 \sim T/2$、$3T/4 \sim T$ 时，P_L 为负值，这表示线圈把储存的磁场能再转换为电能而送回电源，此时线圈起电源作用。纯电感线圈在一个周期内的平均功率为零。所以平均功率不能反映线圈能量交换的规模，因而用瞬时功率的最大值来反映这种能量交换的规模，并把它叫作电路的无功功率，用 Q_L 表示，单位为乏（var），计算公式如下：

$$Q_\mathrm{L} = I^2 X_\mathrm{L} = \frac{U^2}{X_\mathrm{L}} \tag{2-37}$$

无功功率中，无功的含义是交换的意思，而不是消耗或无用，它是相对有功功率而言的。

3. 纯电容电路

纯电容电路中只有电容。纯电容电路图如图 2-23（a）所示。

（1）纯电容电路中电流与电压的关系。在纯电容电路中电流与电压的相位关系是电流超前电压 90°（$\pi/2$ rad）或电压滞后电流 90°（$\pi/2$ rad）。纯电容电路的电路、波形及相量图如图 2-23 所示。

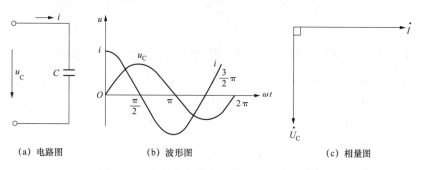

| (a) 电路图 | (b) 波形图 | (c) 相量图 |

图 2-23 纯电容电路的电路、波形及相量图

在纯电容交流电路中，电容 C 呈现出的影响电流大小的物理量称为容抗，用 X_C 表示，单位是欧（Ω）。

容抗 X_C 可按式（2-38）计算。

$$X_C = \frac{1}{\omega C} = \frac{1}{2\pi f C} \qquad (2\text{-}38)$$

式中　ω——交流电的角频率，rad/s；

　　　C——电容，F；

　　　f——频率，Hz。

电容的单位是法（F），此外还有微法（μF）、皮法（pF），换算关系如下：$1F = 10^6\mu F = 10^{12}pF$。

在纯电容电路中，电流的有效值 I_C 等于它两端电压的有效值 U 除以它的容抗 X_C，即

$$I_C = \frac{U}{X_C} \qquad (2\text{-}39)$$

容抗 X_C 是用来表示电容器对电流阻碍作用大小的物理量。容抗的大小与频率及电容量成反比。当电容器的容量一定时，频率越高，容抗越小，电流越大；反之，频率越低，容抗越大，电流越小。

在直流电路中，由于直流电频率为零，因此，容抗为无限大，这表明电容器在直流电路中相当于开路。但在交流电路中，随着电流频率的增加，容抗逐渐减小，因此，电容器在交流电路中相当于通路。这就是电容器隔断直流通过交流的原理。

（2）纯电容电路的功率。纯电容电路的瞬时功率为 P_C，计算公式如下：

$$
\begin{aligned}
P_C &= u_C i_C = U_m \sin\omega t \times I_{Cm} \sin\left(\omega t + \frac{\pi}{2}\right) \\
&= U_m I_{Cm} \sin\omega t \cos\omega t \\
&= \frac{1}{2} U_m I_{Cm} \sin 2\omega t
\end{aligned}
\qquad (2\text{-}40)
$$

纯电容电路的功率曲线如图 2-24 所示。

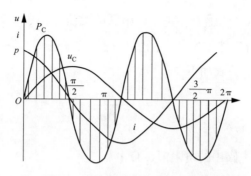

图 2-24　纯电容电路的功率曲线

从图 2-24 可看出，在 $0 \sim T/4$、$T/2 \sim 3T/4$ 时，P_C 是正值，表示此时电容器被充电，从电源吸取电能，并把它储存在电容器的电场中，此时电容器起负载作用。而在 $T/4 \sim T/2$、$3T/4 \sim T$ 时，P_C 是负值，表示此时电容器在放电，它把储存的电场能量又送回电源，此时电容器表现出电源作用。电容器本身不消耗有功功率，在一个周内的平均功率为零。为了衡量电容器和电源之间的能量交换规模，也是用瞬时功率的最大值来表示其交换规模大小，并称之为无功功率，用 Q_C 表示，单位也是 var，计算公式如下：

$$Q_C = UI_C = I_C^2 X_C = U^2/X_C \qquad （2-41）$$

4. 电阻、电感、电容串联电路

在交流电路中，电阻、电感、电容实际都是同时存在的。电阻、电感、电容串联电路如图 2-25 所示，其中图 2-25（a）为电路示意图。

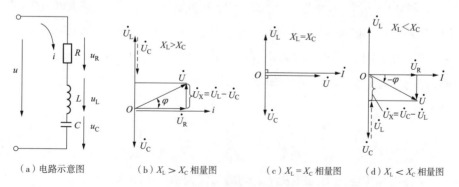

（a）电路示意图　　（b）$X_L > X_C$ 相量图　　（c）$X_L = X_C$ 相量图　　（d）$X_L < X_C$ 相量图

图 2-25　电阻、电感、电容串联电路

（1）在电阻 R、电感 L、电容 C 串联的交流电路中，R、L、C 三个参数同时对电路中电流性能的影响，用物理量阻抗来表示。阻抗的符号为 Z，单位为欧（Ω），计算公式如下：

$$Z=\sqrt{R^2+(X_L-X_C)^2} \tag{2-42}$$

式中　R——交流电路中的电阻值，Ω；

　　　X_L——交流电路中的感抗值，Ω；

　　　X_C——交流电路中的容抗值，Ω。

三者之间的关系可以通过阻抗三角形来记忆，阻抗三角形如图 2-26 所示。其中电抗部分的大小由感抗 X_L 与容抗 X_C 之差决定。即：$X=X_L-X_C$

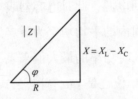

图 2-26　阻抗三角形

（2）串联电路的阻抗性质有以下三种情况：①当 $X_L>X_C$ 时，电路呈感抗性质，$\varphi>0$［如图 2-25（b）］；②当 $X_L<X_C$ 时，电路呈容抗性质，$\varphi<0$［如图 2-25（d）］；③当 $X_L=X_C$ 时，电路的电抗部分等于零，故此时阻抗最小（$Z=R$），电流最大，电流与电压同相，电路呈纯电阻性质，$\varphi=0$［如图 2-25（c）］。

（3）在电阻、电感、电容串联的交流电路中，总电流的有效值 I 等于总电压的有效值 U 除以电路中的阻抗 Z。即

$$I=\frac{U}{Z} \tag{2-43}$$

交流电路中电压 U 和电流 I 之间的相位关系如图 2-25 所示。

电路中电流和总电压的相位差角 φ 根据阻抗三角形可按式（2-44）计算。

$$\varphi = \arctan \frac{X_L - X_C}{R} \qquad (2\text{-}44)$$

（4）在含有电阻、电感、电容的交流电路中，功率有有功功率 P、无功功率 Q 和视在功率 S 三种。

有功功率 P 是电路中反映电阻上功率消耗的功率，单位是瓦（W）或千瓦（kW）。

无功功率 Q 是电路中反映电感、电容上能量交换规模的功率，单位是乏（var）或千乏（kvar）。

视在功率 S 反映电路中总的功率情况，单位是伏安（VA）或千伏安（kVA）。在实际应用中，常将它来定义设备的额定容量，并标在铭牌上，例如变压器的额定容量就是指视在功率。

有功功率 P、无功功率 Q 和视在功率 S 三者之间关系可用直角三角形表示，该三角形称为功率三角形。功率三角形如图 2-27 所示，功率因数 $\cos\varphi$ 与功率之间的关系如下：

$$\cos\varphi = \frac{P}{S} \qquad (2\text{-}45)$$

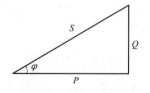

图 2-27　功率三角形

单相交流电路中的有功功率 P、无功功率 Q、视在功率 S 可按下列公式计算：

$$P = UI\cos\varphi \qquad (2\text{-}46)$$

$$Q = UI\sin\varphi \qquad (2\text{-}47)$$

$$S = UI \qquad (2-48)$$

有功功率 P、无功功率 Q、视在功率 S 之间还存在下列关系：

$$S = \sqrt{P^2 + Q^2} \qquad (2-49)$$

（5）RLC 串联电路的分析。在交流电压用下，RLC 三个元件上流过同一电流 i，该电流在电阻上的电压 U_R 与电流同相位（有功分量），在电感上的电压 U_L 超前电流 $90°$，在电容上的电压 U_C 滞后电流 $90°$（无功分量）。

从图 2-25（b）、（d）可看到电感上的电压 U_L 与电容上的电压 U_C 之间相位差 $180°$，这两个电压具有"抵消"的作用，若合理选择电感与电容的参数，使 Z_L 与 Z_C 接近，就可以使电源提供的电压尽可能地作用在电阻上。

在高压远距离的输电线路上为了补偿线路的感抗压降，提高线路末端电压，可在线路中串入电容器来提高线路末端电压（即串联补偿，简称串补）。

三、三相交流电路

三相交流电路中有三个交变电动势，它们频率相同、相位上相互相差 $120°$，由三相发电机发生。三相交流电与单相交流电相比，三相交流电具有下列优点：

（1）三相发电机比尺寸相同的单相发电机输出的功率要大。

（2）三相发电机的结构和制造与单相发电机相比并不复杂，且使用方便、维修简单，运转时振动也很小。

（3）在条件相同、输送功率相同的情况下，三相输电线路比单相输电线路可省约 25% 的材料。

1. 对称三相交流电路

三相交流电是由三相交流发电机产生的。三相交流发电机的结构及电动

势方向示意图如图 2-28 所示，其中（a）为结构示意图，（b）为电动势方向
示意图。

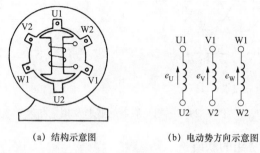

（a）结构示意图　　　　　（b）电动势方向示意图

图 2-28　三相交流发电机的结构及电动势方向示意图

　　三相交流发电机主要由定子和转子构成，在定子中嵌入了三个空间相差
120° 的对称绕组，每一个绕组为一相，合称三相对称绕组。三相对称绕组的始
端分别为 U1、V1、W1；末端为 U2、V2、W2。转子是一对磁极，它以均匀的
角速度 ω 旋转。若磁感应强度沿转子表面按正弦规律分布，则在三相对称绕组
中分别感应出振幅相等、频率相同、相位互差 120° 的三相正弦交流电动势。

　　若规定三相电动势的正方向都是从绕组的末端指向始端，如图 2-28（b）
所示。则三相正弦交流电动势的瞬时值表示为

$$e_U = E_m \sin \omega t \qquad\qquad (2-50)$$

$$e_V = E_m \sin(\omega t - 120°) \qquad\qquad (2-51)$$

$$e_W = E_m \sin(\omega t + 120°) \qquad\qquad (2-52)$$

　　三相交流电的波形及相量图如图 2-19 所示。三相电动势到达最大值的
先后次序叫作相序。在图 2-29（a）中，最先到达最大值的是 e_U，其次是 e_V，
再次是 e_W，它们的相序是 U — V — W — U，此顺序称为正序。若最大值出
现的次序是 U — W — V — U，与正序相反，则称为负序。一般三相电动势都
是指正序而言，并常用颜色黄、绿、红来表示 U、V、W 三相，即 A、B、C
三相。

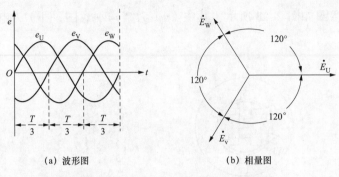

(a) 波形图 (b) 相量图

图 2-29 三相交流电的波形及相量图

2. 三相电源绕组的联结

三相电源绕组的联结方法有星形（Y）联结和三角形（D）联结两种。

（1）三相电源绕组的星形（Y）联结。如果将发电机三相绕组的末端 U2、V2、W2 连接在一起，形成一个公共点，三相绕组的始端 U1、V1、W1 分别引出，这种联结方式称为星形（Y）联结。

三相绕组末端连接在一起的这个公共点称为中性点，以 N 表示。从三个始端 U1、V1、W1 分别引出的三根导线称为相线。从电源中性点 N 引出的导线称为中性线。如果中性点 N 接地，则中性点改称为零点，用 N_0 表示。由零点 N_0 引出的导线称为零线。有中性线或零线的三相制系统称为三相四线制系统。三相四线制系统如图 2-30 所示。

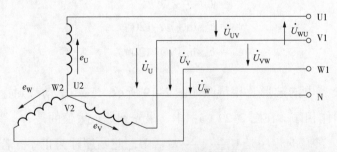

图 2-30 三相四线制系统

中性点不引出，即无中性线或零线的三相交流系统称为三相三线制系统，三相三线制系统如图 2-31 所示。

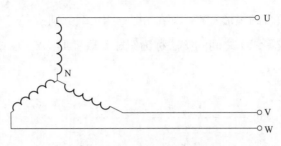

图 2-31　三相三线制系统

在图 2-30、图 2-31 中，相线与中性线（或零线）间的电压称为相电压，用 U_U、V_V、U_W 表示，相电压的有效值用 U_P 表示。两根相线之间的电压称为线电压，用 U_{UV}、V_{VW}、U_{WU} 表示，线电压的有效值用 U_L 表示。

星形（Y）联结时，线电压在数值上为相电压的 $\sqrt{3}$ 倍，即 $U_L = \sqrt{3}\, U_P$；相位上线电压超前相电压 30°。

（2）三相电源绕组的三角形（D）联结。如果将三相电源绕组首尾依次相接，则称为三角形（D）联结。例如将 U 相绕组的末端 U2 与 V 相绕组的始端 V1 相接，然后将 V 相绕相的末端 V2 与 W 相绕组的始端 W1 相接，然后再将 W 相绕相的末端 W_2 与 U 相绕组的始端 U_1 相接，则构成一个三角形（D）接线。三角形的三个角引出导线即为相线，电源绕组的三角形联结如图 2-32 所示。

从图 2-32 可看到：采用 D 形接法时，线电压在数值上等于相电压，即 $U_L=U_P$。

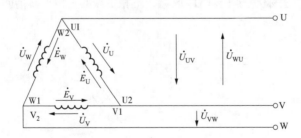

图 2-32　电源绕组的三角形联结

3. 三相负载的联结

三相负载也有星形（Y）联结和三角形（D）联结两种联结方式。

（1）三相负载的星形（Y）联结。把三相负载分别接在三相电源的一根相线和中性线（或零线）之间的接法称为三相负载星形（Y）联结，三相负载的星形联结如图 2-33 所示。

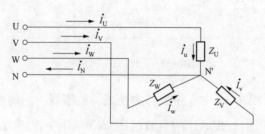

图 2-33　三相负载的星形联结

图 2-33 中，Z_U、Z_V、Z_W 为各相负载的阻抗值，N′ 为三相负载的中性点。

加在每相负载两端的电压称为负载的相电压，相线之间的电压称为线电压，负载接成星形（Y）时，相电压等于线电压的 $1/\sqrt{3}$，即 $U_P = 1/\sqrt{3}\ U_L$。

星形联结的负载接上电源后就有电流产生。流过每相负载的电流称为相电流，用 I_u、I_v、I_w 表示，相电流的有效值用 I_P 表示。把流过相线的电流称为线电流，用 I_U、I_V、I_W 表示，线电流的有效值用 I_L 表示。从图 2-33 可看到：负载作星形（Y）联结时，$I_L = I_P$。即线电流等于相电流。

（2）三相负载的三角形（D）联结。把三相负载分别接在三相电源的每两根相线之间的接法称为三角形（D）联结，三相负载的三角形联结如图 2-34 所示。

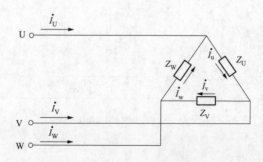

图 2-34　三相负载的三角形联结

在负载作三角形（D）联结的电路中，由于各相负载接在两根相线之间，因此负载的相电压就是电源（电网）的线电压，即 $U_L = U_P$。

三角形联结的负载接上电源后，产生线电流和相电流。图 2-34 中的 I_U、I_V、I_W 即为线电流 I_u、I_v、I_w 为相电流。通过分析可知负载接成三角形（D）接线时，$I_L = 1/\sqrt{3}\,I_P$，即三角形（D）联结时，负载的相电流在数值上等于 $1/\sqrt{3}$ 线电流。

4. 三相电路的功率

在三相交流电路中，三相负载消耗的总功率为每相负载消耗功率之和。即

$$P = P_U + P_V + P_W$$
$$= U_u I_u \cos\varphi_u + U_v I_v \cos\varphi_v + + U_w I_w \cos\varphi_w$$

$$（2-53）$$

式中　　U_u、U_v、U_w ——各相电压；

　　　　I_u、I_v、I_w ——各相电流；

$\cos\varphi_u$、$\cos\varphi_v$、$\cos\varphi_w$ ——各相的功率因数。

在对称三相交流电路中，各相电压、相电流的有效值相等，功率因数 $\cos\varphi$ 也相等，所以式（2-53）可写成：

$$P = 3U_P I_P \cos\varphi \qquad （2-54）$$

式（2-54）表明，在对称三相交流电路中，总有功功率是每相功率的 3 倍。

在实际工作中，由于测量线电流比测量相电流要方便（指三角形联结的负载），所以三相总有功功率也可用线电流、线电压表示。式（2-54）可改写如下：

$$P = \sqrt{3}\,U_L I_L \cos\varphi \qquad （2-55）$$

对称负载不管是联结成星形（Y）还是三角形（D），其三相总有功功率均按式（2-54）或式（2-55）计算。

同理，可得到对称三角形负载总的无功功率计算公式如下：

$$Q = 3U_\mathrm{P}I_\mathrm{P}\sin\varphi = \sqrt{3}\,U_\mathrm{L}I_\mathrm{L}\sin\varphi \tag{2-56}$$

对称三相负载总的视在功率计算公式为：

$$S = 3U_\mathrm{P}I_\mathrm{P} = \sqrt{3}\,U_\mathrm{L}I_\mathrm{L} \tag{2-57}$$

在上述分析中，提到对称三相负载的概念。对称三相负载是指各相负载的电阻、感抗（或容抗）相等，即阻抗相等且性质相同。

在三相功率中，有功功率单位是瓦（W）或千瓦（kW）；无功功率的单位是乏（var）或千乏（kavr）；视在功率的单位是伏安（VA）或千伏安（kVA）。

在三相功率计算中，如前所述，$\cos\varphi = R/Z$，即每相负载的功率因数等于每相负载的电阻除以每相负载的阻抗；$\sin\varphi = X/Z$，其中 X 是每相负载的电抗，$X = X_\mathrm{L} - X_\mathrm{C}$，如果 X_C（每组负载的容抗）忽略不计，则 $X = X_\mathrm{L}$（每相负载的感抗）。

三相有功功率 P、无功功率 Q、视在功率 S 之间的关系与单相交流电路一样，三者之间关系如下：

$$S = \sqrt{P^2 + Q^2} \tag{2-58}$$

如果已知道了三相有功功率 P，视在功率 S，则三相无功率 Q 也可按下式计算：

$$Q = \sqrt{S^2 - P^2} \tag{2-59}$$

[例2-7] 某对称三相负载作三角形（D）联结，接在线电压为380V的电源上，测得三相总功率为12kW，每相功率因数0.8。请计算负载的相电流和线电流。

解： 由题意得 $U_\mathrm{L}=380\mathrm{V}$，$P = 12\mathrm{kW}$，已知三角形联结 $U_\mathrm{L} = U_\mathrm{P}$，$I_\mathrm{L} = \sqrt{3}\,I_\mathrm{P}$，$P = \sqrt{3}\,U_\mathrm{L}I_\mathrm{L}\cos\varphi$，则

线电流 $I_\mathrm{L} = \dfrac{P}{\sqrt{3}U_\mathrm{L}\cos\varphi} = 22.79(\mathrm{A})$

相电流 $I_\mathrm{P} = \dfrac{I_\mathrm{L}}{\sqrt{3}} = 13.16(\mathrm{A})$

所以，负载的相电流和线电流分别为13.16A和22.79A。

参考题

一、单选题

1. 变压器铁芯中磁通 Φ 的大小与磁路的性质、铁芯绕组的匝数 N 和（　　）有关。

A. 绕组电阻　　　　　　　B. 绕组的绕制方向　　　　C. 绕组电流 I

2. 在相同的磁场中，线圈匝数越多，线圈的电感（　　）。

A. 越小　　　　　　　　　B. 不变　　　　　　　　　C. 越大

3. 当两个线圈放得很近，或两个线圈同绕在一个铁芯上时，如果其中一个线圈中电流变化，在另一个线圈中产生的感应电动势称为（　　）。

A. 自感电动势　　　　　　B. 互感电动势　　　　　　C. 交变电动势

4. 在交流电路中，无功功率 Q、视在功率 S 和功率因数角 φ 的关系为（　　）。

A. $S = P+Q$　　　　　　B. $Q = S\sin\varphi$　　　　　C. $Q = S\cos\varphi$

5. 交流电气设备的铭牌上所注明的额定电压和额定电流都是指电压和电流的（　　）。

A. 有效值　　　　　　　　B. 最大值　　　　　　　　C. 瞬时值

6. 如果三相异步电动机三个绕组首尾相连，这种接线方式称为（　　）。

A. 单相联结　　　　　　　B. 三角形联结　　　　　　C. 星形联结

7. 电路包含电源、（　　）三个基本组成部分。

A. 开关和负载　　　　　　B. 导线和中间环节　　　　C. 负载和中间环节

8. 已知横截面积为 40mm^2 的导线中，该导线中的电流密度为 8A/mm^2，则导线中流过的电流为（　　）。

A. 0.2A　　　　　　　　　B. 5A　　　　　　　　　　C. 320A

9. 在三个电阻并联的电路中，已知各电阻消耗的功率分别为 10W、20W 和 30W，则电路的总功率等于（　　　）。

A. 20W　　　　　　　　B. 30W　　　　　　　　C. 60W

二、判断题

1. 通过同样大小电流的载流导线，在同一相对位置的某一点，若磁介质不同，则磁感应强度不同但具有相同的磁场强度。（　　　）

2. 磁感应强度 B 与垂直于磁场方向的面积 S 的乘积称为通过该面积的磁通量 Φ，简称磁通，即 $\Phi = BS$。（　　　）

3. 判断载流导体在磁场中运动方向时，应使用左手定则，即伸出左手，大拇指与四指垂直，让磁力线穿过手心，使伸直的四指与电流方向一致，则大拇指所指方向为载流导体在磁场中所受电磁力的方向。（　　　）

4. 导体的电阻大小与温度变化无关，在不同温度时，同一导体的电阻相同。（　　　）

5. 电功率 P 的大小为一段电路两端的电压 U 与通过该段电路的电流 I 的乘积，表示为 $P = UI$。（　　　）

6. 电源能将非电能转换成电能。（　　　）

7. 在电阻电感串联的交流电路中，总电压是各分电压的相量和，而不是代数和。（　　　）

8. 交流电流的频率越高，则电感元件的感抗值越小，而电容元件的容抗值越大。（　　　）

9. 频率为 50Hz 的交流电，其周期是 0.02s。（　　　）

电气试验基本知识

　　电气设备的绝缘强度和技术特性是否满足有关规程规范要求，能否确保电力系统安全稳定运行，必须通过试验来鉴定。通过试验可以验证设备的技术特性，掌握电气设备的绝缘情况，可保证产品质量或及早发现其缺陷并进行相应的维护与检修。本章主要介绍电气试验的基本概念、总体要求和常见试验项目的基本知识。

第一节 电气试验概述

一、电气试验的意义

电气设备的绝缘缺陷有一些是制造时潜伏下来的，另一些则是运行中在外界作用的影响下发展起来的。在设备长期运行下，外界因素（如电压、过电压、湿度、温度、机械外力等）会使原本在制造过程中存在的绝缘缺陷进一步劣化，最终导致设备发生故障并损坏，因此，进行必要的交接试验和预防性试验可以及时发现缺陷，减少事故的发生。

1. 交接试验的意义

电气设备在安装竣工后，交接验收时必须进行交接试验。交接试验是检验新装电气设备是否满足电力系统安全稳定运行的技术要求。电气设备交接试验报告必须存档保存，以便为后续的运行、检修和事故分析提供技术参考数据。

电气设备交接试验时，除按 GB 50150—2016《电气装置安装工程 电气设备交接试验标准》的规定执行外，各单位还应参考设备制造厂对产品的技术说明和有关要求进行。

2. 预防性试验的意义

由于电气设备在运行过程中电气设备绝缘受到电场、温度、湿度、电动力等多种因素的影响，其中的薄弱部位可能产生潜伏性缺陷。因此，电气设备在投入电力系统运行前，必须进行交接试验，经过了交接试验并验收合格才能证明投运的电气设备绝缘性能良好。

电气设备的预防性试验就是要及时发现电气设备在运行中出现的各种潜伏性缺陷，根据设备缺陷情况，及时安排人员进行设备检修，消除缺陷隐患。对于缺陷较大的设备，采取更新替换缺陷设备的方式保证电力系统安全稳定运行。电气设备预防性试验时可按 DL/T 596—1996《电力设备预防性试验规程》、Q/GDW 1168—2013《输变电设备状态检修试验规程》的相关规定执行。试验报告必须存档保存，以便进行历年试验数据的对比。

二、电气试验的分类

1. 根据试验项目内容分类

根据试验项目内容不同，电气试验一般分为特性试验和绝缘试验。

特性试验一般包括电压比、直流电阻测试、极性或联结组标号、空载电流、阻抗电压、空载和负载损耗等。绝缘试验是指对电气设备绝缘状况的检查试验。

绝缘试验又可分为绝缘特性试验和绝缘耐压试验两大类。

（1）绝缘特性试验，又称非破坏性试验，指在较低电压下或用其他不会损伤绝缘的办法来测量绝缘的各种特性，从而判断绝缘内部有无缺陷的试验方法。此试验方法可以有效地判断被试设备绝缘情况，但不能可靠地判断被试品的绝缘耐压水平。

绝缘特性试验是对被试品的绝缘材料、制作工艺、产品整体绝缘状态进行检查，对设备进行绝缘特性试验，可以确定其绝缘的质量状态，及时发现可能出现的局部或整体缺陷，是确定被试设备能否继续进行绝缘强度试验的一个辅助判断方法。

常见的绝缘特性试验有绝缘电阻试验、介质损耗角正切值（$\tan\delta$）试验、局部放电试验、直流泄漏电流测量等。

（2）绝缘耐压试验，又称破坏性试验。这类试验将用较高的电压对电气设备进行耐压试验。试验电压要远远高于电气设备正常运行电压，因此，可能会在耐压试验时给设备的绝缘造成一定的损伤。耐压试验能直接揭露危险性较大的集中性缺陷，能保证绝缘有一定的水平或裕度。耐压试验往往是在非破坏性试验合格后才进行，假设非破坏性试验已经显示出被试品绝缘有不正常情况存在，则应该及时查明缺陷原因，等待绝缘缺陷消除后方可进行耐压试验，以免绝缘被击穿，从而损坏电气设备。例如，当被试品经过特性试验后检查出绝缘受潮，此时应该先进行被试品干燥处理，待受潮现象消除后方可进行耐压试验。

常见的绝缘耐压试验有交流耐压试验、直流耐压试验、雷电冲击电压试验、操作冲击耐压试验。

1）交流耐压试验：对绝缘施加一次相应的额定工频耐受电压（有效值），又称为工频耐压试验。交流耐压试验分为短时耐受试验和长时耐受试验，一般 220kV 及以下电压，采用短时工频耐受电压试验；330kV 及以上电压，采用长时工频耐受电压试验。

对 50Hz 交流耐压试验，加至试验电压后的持续时间不同，220kV 及以下电压等级的带电作业工具、装置和设备，为 1min；330kV 及以上电压等级的带电作业工具、装置和设备，为 3min。非标准电压等级的带电作业工具、装置和设备的交流耐压试验值，可根据 DL/T 976 —2017《带电作业工具、装置和设备预防性试验规程》规定的相邻电压等级按插入法计算。

在交流耐压试验时利用被试变压器本身一、二次绕组之间的电磁感应原理产生高压对自身进行的耐压试验称为感应耐压试验。

2）直流耐压试验：对绝缘施加一次相应的额定直流耐受电压，其持续时间一般为 1min。在进行直流高压试验时，应采用负极性接线。

3）雷电冲击电压试验：为了考核变压器主、纵绝缘的冲击强度是否符合国家标准的规定以及研究改进变压器的绝缘结构，要进行冲击电压试验。雷电冲击试验就是在变压器绕组的端子上施加一种模拟真实的雷电波形的冲击波，对变压器或其他电气设备，在此种冲击波的作用下进行考验，看其能否通过（或破坏）。截波是相当于雷电波进入变电所时发生了保护间隙或空气绝缘的闪络而产生的波形，是雷电全波被突然截断的波形，电压急剧降落至零。其截断时刻可发生在波前或波尾。截波试验也同样是对变压器设备的考验。

4）操作冲击耐压试验：对绝缘施加规定次数和规定值的操作冲击电压。

操作冲击耐压试验施加的试验电压是一个持续时间很短的冲击波，需要施加较多次数的操作冲击电压，以检验在可接受的置信度下实际的统计操作冲击耐受电压是否不低于额定操作冲击耐受电压。试验时对绝缘施加 15 次规定波形为 250/2500μs 的额定冲击耐受电压，在绝缘上未出现破坏性放电，则试验通过。在进行操作冲击耐压试验时，应采用正极性接线。

2. 根据试验目的任务分类

根据试验目的任务不同，电气试验有以下几种。

（1）交接试验。交接试验指的是新的电气设备在现场安装调试期间所进行的检查和试验。交接试验是在安装竣工后、投入运行前，对电气设备进行的检查和试验，其目的是防止存在缺陷的电气设备投入生产运行。缺陷设备在运行过程中可能出现设备故障，发生电气事故，导致电力系统不能安全稳定运行，从而影响生产、生活。新安装的电气设备必须通过交接试验合格后才能投入生产运行。

电气设备交接试验必须严格执行 GB 50150 —2016《电气装置安装工程 电气设备交接试验标准》的规定。

对进口设备的交接试验，应按合同规定的标准执行，其相同试验项目的试验标准不得低于合同规定的标准。

特殊进线设备的交接试验宜在与周边设备连接前单独进行，当无法单独进行试验或需与电缆、高压组合电器、气体绝缘全封闭组合电器（gas insulated switchgear，GIS）等通过油气、油油套管等连接后方可进行试验时，应考虑相互间的影响。

由于变压器施工完成后内部电气元件不好直接测量，因此对变压器铁芯绝缘的各紧固件的绝缘电阻必须在变压器安装施工过程中进行。

（2）预防性试验。为了发现运行中设备的隐患，预防发生事故或设备损坏，对设备进行的检查、高压试验或监测称为预防性试验，该试验也包括取油样或气样进行的试验。

电气设备在长期带压运行过程中，会受到湿度、温度等因素的影响，绝缘材料在电场及化学反应的作用下出现绝缘受损或老化，形成绝缘缺陷，这些绝缘缺陷短期内不会导致设备发生故障，但在长期运行下，绝缘缺陷将进一步扩大，最终导致设备发生故障，影响电网的安全稳定运行。因此，定期安排预防性试验，可及时发现设备存在的绝缘隐患，从而采取有效措施消除。

对于新投运（投运时间不超过一年）的设备，在投运后及时进行首次预防性试验检查，可以及早获取设备运行后的重要状态信息，在编制设备预防性试验计划时对新投运设备应尽早安排进行投运后首次试验。

（3）其他试验。

1）诊断性试验。当电气设备在运行过程中发生异常状况或发生电气事故时，根据设备具体运行情况，通过查找相应的异常故障原因，临时对电气设备进行的电气试验称为诊断性试验。

2）在线监测与带电测量。在不影响设备运行的条件下，对设备状况连续或定时进行的监测。承受运行电压的在线监测装置，其耐压试验标准应等同于所连接电气设备的耐压水平。带电测量和在线监测通常是自动进行的。当带电测量或在线监测发现问题时应进行停电试验进一步核实。如经实际应用证明利用带电测量或在线监测技术能达到停电试验的效果，可以延长停电试验周期或不做停电试验。

三、电气试验的总体要求

1. 试验工作的计划安排

无论是电气设备交接试验还是预防性试验，在事先都要安排好试验计划。在试验周期的安排上应尽量将同间隔设备调整为相同试验周期，需停电取油样或气样的化学试验周期调整到与电气试验周期相同。

（1）交接试验的计划安排。交接试验一般安排在电气设备安装竣工后、电气设备投入运行前，且经检查电气设备具备相应的电气试验条件后，方可安排交接试验。

设备交接试验应按相关项目和要求执行。设备技术文件要求但 GB

50150—2016《电气装置安装工程 电气设备交接试验标准》未涵盖的检查和试验项目，按设备技术文件要求进行；若设备技术文件要求与 GB 50150—2016《电气装置安装工程 电气设备交接试验标准》要求不一致，按要求严格者执行。

交接试验结束后长期搁置（超过半年）未投运的设备，投运前应重做部分交接试验项目，具体项目为试验规程规定的设备例行试验项目，但试验结论的判定仍按照交接试验标准要求执行。因此，交接试验应安排在电气设备初步具备投入运行条件之前，避免电气设备在投入运行前长期搁置，从而导致需要重新进行交接试验以确保电气设备的相关参数符合投运条件。

（2）预防性试验的计划安排。电气设备的预防性试验参照 DL/T 596—2005《电力设备预防性试验规程》规定的各种电气设备的试验项目、周期和要求进行。电气设备进行预防性试验时，试验结果应与该设备历次试验结果、同类设备的试验结果进行比较，并参照相关的试验结果，根据变化规律和趋势进行全面分析和判断后，最后得出正确结论。因此，同类设备的预防性试验应尽量安排在相同环境条件下进行。

2. 高压电气试验的总体要求

（1）对气候条件的要求。在进行与环境温度、湿度有关的试验时，除专门规定的情形之外，环境相对湿度不宜大于80%，环境温度不宜低于5℃，绝缘表面应清洁、干燥。对在不满足上述温度、湿度条件情况下测得的试验数据，应进行综合分析，以判断电气设备是否可以投运。试验时，应注意环境温度对试验结果的影响，对油浸式变压器、电抗器及消弧线圈，应以被试物上层油温作为测试温度。GB 50150—2016《电气装置安装工程 电气设备交接试验标准》中规定的常温范围为 10~40℃。

（2）对试验顺序的要求。电气试验顺序总体要求是先进行试验电压较低的非破坏性试验，再进行试验电压较高的破坏性试验。在进行非破坏性试验时发现电气设备绝缘存在缺陷，说明设备已处于非正常状态，此时便不再做破坏性试验。

进行预防性试验时，一般宜先进行外观检查，再进行机械试验，最后进行电气试验。电气试验按 GB/T 16927.1—2011《高电压试验技术　第 1 部分：一般定义及试验要求》的要求进行。

对于充油设备，只有在油试验合格后方可进行破坏性试验。对于充气设备，只有在气体试验合格后方可进行破坏性试验。

经预防性试验合格的带电作业工具、装置和设备应在明显位置贴上试验合格标志。

（3）高压试验电压极性的规定。在进行直流高压试验时，应采用负极性接线。

（4）电气设备额定电压与实际使用的额定工作电压不同时，试验电压的确定标准如下：

1）采用额定电压较高的电气设备在于加强绝缘时，应按照设备的额定电压的试验标准进行。

2）采用较高电压等级的电气设备在于满足产品通用性及机械强度的要求时，可按照设备实际使用的额定工作电压的试验标准进行。

3）采用较高电压等级的电气设备在于满足高海拔地区的要求时，应在安装地点按实际使用的额定工作电压的试验标准进行。

（5）连接在一起的多个电气设备的绝缘试验的规定。当电气设备进行停电试验时应做好保证安全的组织措施和技术措施，并严格执行《电力安全工作规程》的有关规定。进行耐压试验时，应尽量将连在一起的各种设备分离开来单独试验（制造厂装配的成套设备不在此限），但同一试验电压的设备可以连在一起进行试验。已有单独试验记录的若干不同试验电压的电力设备，在单独试验有困难时，也可以连在一起进行试验，此时，试验电压应采用所连接设备中的最低试验电压。

针对特殊进线的设备，其交接试验宜在与周边设备连接前单独进行，当单独无法进行试验或须与电缆、高压组合电器、GIS 等通过油气、油油套管等连接后方可进行试验的，应考虑相互间的影响。

（6）充油设备静置时间的规定。充油设备在注油后应有足够的静置时间才可进行耐压试验。静置时间如无制造厂规定，则应依据设备的额定电压满足以下要求：① 750kV 设备静置时间不小于 96h；② 500kV 设备静置时间应不小于 72h；③ 220~330kV 设备静置时间应不小于 48h；④ 110kV（66kV）及以下设备静置时间应不小于 24h。

（7）充气设备的静置时间的规定。充气设备在充气后需要静置不小于 24h 后方可进行气体湿度试验。

根据 GB 50150—2016《电气装置安装工程　电气设备交接试验标准》的规定，断路器 SF_6 气体的含水量测定应在断路器充气 24h 后进行；根据 GB 7674—2008《额定电压 72.5kV 及以上气体绝缘金属封闭开关设备》和 GB/T 8905—2012《六氟化硫电气设备中气体管理和检测导则》的规定，气体绝缘金属封闭开关设备 SF_6 气体含水量的测定应在封闭式组合电器充气 24h 后进行。

3. 保证试验结果正确

（1）防止误试验。防止误试验就是要防止试验项目选择错误、试验仪器选择错误、试验原理理解错误、试验标准执行错误。试验人员应该认真研读最新的试验标准、掌握试验仪器的使用方法和了解被试设备的电气参数及性能。

（2）防止误接线。防止误接线就是要做到试验接线正确。试验接线正确是电气试验的基本要求，试验人员应该仔细研读试验方案，熟悉试验仪器，掌握试验原理，能够正确地进行被试设备与试验仪器的接线。

（3）防止误判断。防止误判断就是要做到对试验结果进行全面分析，并能正确判断试验结果。正确判断试验结果的前提是试验方案正确、试验仪器接线正确、仪表读数正确等。

（4）仪器精度定期校验。准确读取试验仪器仪表的读数的前提是仪器仪表本身测量精度精准无误。因此，需要定期对试验仪器仪表进行精度校验，确保仪器读数的准确。

第二节 绝缘电阻测量

测量电气设备的绝缘电阻是最常见的检查设备绝缘是否良好的方法，通常使用绝缘电阻表测量绝缘电阻。本节主要介绍绝缘电阻测量和吸收比试验的基本原理、测量方法和试验结果的影响因素。

一、绝缘电阻

理想的电介质是电阻无穷大的绝缘体，但在现实生活中，绝缘电介质中总会存在一些带电质点。因此，在强电场的作用下，绝缘介质内部存在的带电质点会发生定向移动，绝缘介质会在直流电压的作用下发生极化，流过绝缘介质的电流随施加电压的时间的增加而逐渐减小，并最终趋于稳定。

在对绝缘施加直流电压时，绝缘介质内形成的电流称为全电流，绝缘介质中全电流的组成如图 3-1 所示。全电流 i 是位移电流 i_1、吸收电流 i_2 和泄漏电流 i_3 之和，如图 3-1（b）中曲线 i 所示。

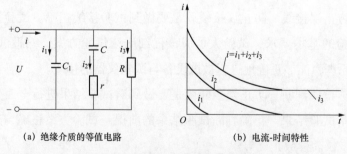

(a) 绝缘介质的等值电路　　　　　(b) 电流-时间特性

图 3-1　绝缘介质中全电流的组成

位移电流 i_1 是由电子式极化、离子式极化所形成的电流，通常叫充电电流，也叫电容电流。电容电流是在施加直流电压时产生的电流，其与绝缘材料的几何尺寸有关，因此又称绝缘介质的几何充电电流。由于电子式极化和离子式极化过程极为短暂，可以认为是个瞬间过程，因此位移电流 i_1 在加直流电压后很快就衰减为零，如图 3-1（b）中曲线 i_1 所示。其电流回路在等值电路中用一个纯电容 C_1 表示，如图 3-1（a）所示。充电电流流过的时间计算公式为

$$\tau_d = \frac{1}{RC} \tag{3-1}$$

式中　τ_d——充电电流流过的时间，s；

　　　R——绝缘电阻阻值，Ω；

　　　C——电容，F。

例如：当变压器的电容为 5×10^{-9}F，绝缘电阻为 $2.5 \times 10^9 \Omega$ 时，此变压器的电容充电电流时间为 $\tau_d = \frac{1}{RC} = \frac{1}{5 \times 2.5} = 0.08$ (s)，表明此变压器经过 0.08s 后，充电电流已衰减完成。

吸收电流 i_2 是指绝缘介质在直流电压作用下，由于绝缘介质中的偶极子发生转动、介质极化等原因形成的电流。吸收电流 i_2 随时间的增加而缓慢衰减。由于偶极子极化的过程较长，绝缘介质极化的过程更长，所以吸收电流 i_2 的衰减相对于位移电流 i_1 而言要慢得多，如图 3-1（b）中曲线 i_2 所示。其绝缘介质等值电路如图 3-1（a）所示。

泄漏电流 i_3 是由于绝缘介质内部或表面存在极少数离子或电子（正常工作的介质中通常是离子），在直流电压的作用下发生定向移动而形成的电流。泄漏电流的大小与带电粒子的密度、速度、电荷量、外施电场等有关。温度越高，参与漏导的离子越多，泄漏电流越大。泄漏电流又叫电导电流，它一般不随时间的变化而变化，如图 3-1（b）中曲线 i_3 所示。吸收电流 i_2 完全衰减至恒定电流（泄漏电流 i_3）通常至少需要几分钟，有些绝缘介质可能需要几个小时到几天的时间。在等值电路中，泄漏电流等值回路用一个纯电阻 R 表示，如图 3-1（a）所示。

从图 3-1（b）的吸收曲线可以看出，位移电流 i_1 和吸收电流 i_2 经过一段时间后逐渐趋近于零，则全电流 i 趋近于泄漏电流 i_3。

对固体介质而言，它的绝缘电阻包括体积绝缘电阻与表面绝缘电阻两部分。绝缘电阻是外加电压 U 除以全电流 I 的值，由于全电流 I 随时间不断变化（全电流 i 不断衰减，最后趋于稳定），所以测得的绝缘电阻是随时间逐渐增大的。当全电流 i 衰减成泄漏电流 i_3 时，绝缘电阻达到稳定，因此，通常说的绝缘电阻就是指加于试品上的直流电压与流过试品的泄漏电流之比，即

$$R = U/i_3 \qquad\qquad (3-2)$$

式中　R——被试品的绝缘电阻，MΩ；

　　　U——被试品两端的直流电压，V；

　　　i_3——对应于电压 U 流过被试品中的泄漏电流，μA。

当绝缘良好洁净时，在绝缘体内或是表面的离子数都很少，泄漏电流很小，因此绝缘电阻很大。当被试品绝缘存在贯通的集中性缺陷，如开裂、脏污，特别是绝缘受潮以后，绝缘的导电离子数急剧增加，电导电流明显上升，反映泄漏电流的绝缘电阻明显下降。因此用绝缘电阻表检查被试品的绝缘电阻就可以了解绝缘的状况，能有效地发现设备局部或整体受潮和脏污，以及绝缘击穿和严重过热老化等缺陷。由式（3-2）可知，在外施电压一定的情况下，流过绝缘介质的电流与其绝缘电阻成反比，绝缘电阻越大，流过绝缘介质的电流越小。

二、绝缘电阻测量方法

测量各种电气设备和输电线路的绝缘电阻，通常使用兆欧表，俗称绝缘电阻表。绝缘电阻表如图 3-2 所示，它主要由磁电式比率表和手摇发电机两部分构成。手摇直流发电机是它的电源，其可以产生 250、500、1000、2500V 或 5000V 的直流高压。由于位移电流和吸收电流的衰减需要一段时间，通常规定在施加直流电压 60s 以后绝缘电阻表测得的数值为被试品的绝缘电阻。

　　绝缘电阻表的选择就是选择绝缘电阻表的额定电压和测量范围。当被测设备的额定电压在 100V 以下时，选用 250V、50MΩ 的绝缘电阻表；当被测设备的额定电压在 500V 以下时，选用 500V、100MΩ 的绝缘电阻表；当被测设备的额定电压在 3000V 以下时，选用 1000V、2000MΩ 的绝缘电阻表；当被测设备的额定电压在 10000V 以下时，选用 2500V、10000MΩ 的绝缘电阻表；当额定电压为 10000V 以上的被测设备，选用 2500V 或 5000V、量程 10000MΩ 的绝缘电阻表。

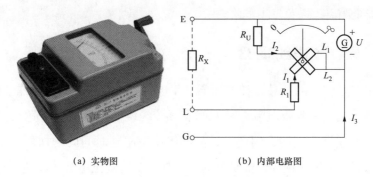

(a) 实物图　　　　　　　(b) 内部电路图

图 3-2　绝缘电阻表

1. 测量前绝缘电阻表的检查

　　将绝缘电阻表水平放置，选择较为缓慢的速度旋转摇柄，用导线快速短接 L 端和 E 端（切忌将 L 端和 E 端接牢或长时间对接，防止绝缘电阻表短路烧坏），指针应指 0。再将绝缘电阻表 L 端开路和 E 端接地，旋转绝缘摇柄至额定转速（120r/min），指针应指向 ∞。

2. 测量接线方法

　　绝缘电阻表有 L（Line）、E（Earth）、G（屏蔽）三个接线柱。测量时，设备高压侧接 L 端，低压侧接 E 端并接地；当被接设备表面潮湿或空气湿度过大时，为排除表面泄漏电流的影响，应接 G 端。

　　当绝缘摇表的转速达到额定转速（120r/min）且指针保持稳定时开始读数。

3. 测量绝缘电阻的注意事项

　　（1）试验结束后，被试品的试验电源及接线应拆除，并进行充分放电。

（2）保持 120r/min 的转速转动摇柄，待转速稳定时，才能开始读数。

（3）对大容量被试品（如大型变压器、发电机，电力电缆等），测量结束后，必须将绝缘电阻表从测量回路中断开，以免残压损坏仪表。

（4）绝缘电阻表的 L 端、E 端的引出线不应缠在一起，接 L 端的导线不能放在地上应悬空，测试线应使用高压屏蔽测试线。

（5）记录测量时的湿度和温度，以便对测量结果进行校正。

（6）在邻近高压设备附近使用绝缘电阻表时，应有专人监护，与带电设备保持安全距离，以免发生危险。

三、吸收比试验的原理

对于容量较大的试品，如变压器、发电机、电容器等，吸收曲线随时间衰减较慢，尤其是吸收电流 i_2 随时间衰减较为缓慢。由于全电流 i 是随着时间的增加而逐渐衰减的，因此，试品的绝缘电阻随时间的增加而逐渐上升，并趋向稳定。被试品绝缘性能良好时，需要很长时间全电流才能达到稳定值，且绝缘电阻值较高。因此可以用电阻随时间变化的曲线斜率来说明绝缘的状态。

吸收比是指 60s 和 15s 时绝缘电阻的比值，用 K 表示，即

$$K = R_{60s}/R_{15s} \tag{3-3}$$

式中　R_{60s}、R_{15s}——加压 60s 和 15s 时的绝缘电阻，$M\Omega$。

吸收比试验仅适用于电容量较大的设备（如变压器、发电机、电缆等）。对于被试品电容较大或不均匀的试品绝缘，绝缘良好时，吸收现象明显，吸收比应大于 1.3。绝缘受潮后吸收比降低，因此吸收比是判断绝缘是否受潮的一个重要指标。有时绝缘具有较明显的缺陷（如绝缘在高压下击穿），吸收比仍然很高。所以，吸收比不能用来发现受潮、脏污以外的其他局部绝缘缺陷。

对于大容量设备（如变压器、发电机、电缆等），由于电容量大，吸收时间常数大，有时会出现绝缘电阻很大但吸收比较小的矛盾，因此用吸收比 K

尚不足以反映绝缘介质的电流吸收全过程。为了更好地判断大容量设备绝缘状况是否良好，可采用 10min 和 1min 时绝缘电阻的比值进行衡量，即极化指数，用 *P.I.* 表示，计算公式为

$$P.I. = R_{10min}/R_{1min} \qquad\qquad (3\text{-}4)$$

式中　R_{10min}、R_{1min}——加压 10min 和 1min 时的绝缘电阻，MΩ。

对于 220kV 及以上且容量为 120MVA 及以上的电力变压器、200MW 及以上的同步发电机均应测量极化指数。极化指数测量的加压时间较长，其值与温度无关。超高压大容量变压器绝缘要求常温下吸收比不小于 1.3，或极化指数一般不小于 1.5。

四、影响绝缘电阻测量误差的因素

1. 温度

绝缘电阻的测量结果与被试品温度有关，在外加直流电压恒定的情况下，吸收电流与泄漏电流都会随温度的变化而变化，温度上升时电流随之增加，则绝缘电阻是随温度上升而减小的。因为温度升高时，绝缘介质中的电子热运动加剧，极化效应更加明显，泄漏电流增加，从而导致测得的绝缘电阻偏低。

2. 湿度和脏污

由于绝缘电导是由材料分子与杂质分子中的离子数决定，与绝缘中所含杂质的本性有关，也与外界条件有关。湿度对表面泄漏电流的影响较大，绝缘表面吸附潮气，瓷套表面形成水膜，常使绝缘电阻显著降低。绝缘表面的脏污也使其表面电阻大大降低，绝缘电阻显著下降。当测试环境污秽严重或相对湿度较大时，应利用绝缘电阻表的屏蔽端子 G 采用相应的屏蔽措施，并记录当时测量环境的温度和湿度。

3. 放电时间

每测完一次绝缘电阻后，应对被试设备充分放电，放电时间应足够长以便将残余电荷放尽。不然，再次测量时，由于残余电荷的存在，其位移电

流和吸收电流将比上次测量时小，因而会出现吸收比减小，绝缘电阻增大的结果。

4. 感应电压

因为带电设备与停电设备之间存在电磁感应现象，使得带电设备周围的停电设备会感应出一定大小的电压，该电压称为感应电压。感应电压对绝缘电阻测量的影响很大，当感应电压较大时，可能会导致绝缘电阻表指针摆动，测量数值不准确，甚至导致绝缘电阻表在高电压下损坏。因此，必须采取电场屏蔽等措施来克服感应电压的影响。

第三节　直流耐压及泄漏电流测试

直流泄漏电流测量本质上也是测量绝缘电阻，只是所用的直流电压较高（10kV 以上）。相较于绝缘电阻测量，测量直流泄漏电流可以发现一些尚未完全贯通的集中性缺陷。本节主要介绍泄漏电流试验原理、试验方法、直流耐压试验要求和结果分析判断。

一、泄漏电流试验的原理

泄漏电流试验与绝缘电阻测量原理相同，只是泄漏电流试验是在更高电压（大于 10kV）下进行，由于在升压过程中泄漏电流便于监测，因此泄漏电流试验更容易发现集中性缺陷。根据上一节绝缘电阻和吸收比试验的相关知识可知，对于绝缘良好的被试品，在直流电压作用下，其泄漏电流很小；并且在直流电压恒定的情况下，流过被试品绝缘的全电流随时间的增加而逐步减小，最终趋向于一个恒定值。

发电机典型泄漏电流曲线图如图 3-3 所示，其为发电机绝缘泄漏电流随电压变化的典型曲线。由图 3-3 曲线 1 可知，对于绝缘良好的设备，电流值小，泄漏电流随外施直流电压的增加而增加，在电压一定范围内，泄漏电流随外施电压的增加成正比例关系，并且上升幅度较小；由图 3-3 曲线 2 可知，当绝缘受潮以后，泄漏电流随外施电压的增加而较大上升，呈直线状；由图 3-3 曲线 3 可知当绝缘存在集中性缺陷时，当外施电压超过一定的数值以后，泄漏电流激增，此时应尽可能找出原因并消除；由图 3-3 曲线 4 可知，当绝缘中有危险的集中性缺陷，泄漏电流激增点的电压比曲线 3 小。因此，绝缘的集中性缺陷越严重，泄漏电流激增点出现的电压将越低，当低于 $0.5u_s$ 时，发电机再运行就会有击穿的危险。

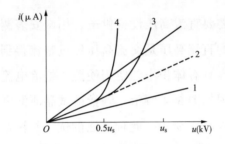

图 3-3　发电机典型泄漏电流曲线图

1—绝缘良好；2—绝缘受潮；3—绝缘中有集中性缺陷；4—绝缘中有危险的集中性缺陷；

u—直流电压；u_s—直流耐压试验电压；i—泄漏电流

泄漏电流试验是指在一定的直流试验电压范围内，对被试品绝缘施加不同大小的直流电压，并通过测量流过被试品绝缘的泄漏电流，绘制相对应的电流与电压曲线，从而分析和判定被试品设备的绝缘良好情况。泄漏电流试验与绝缘电阻和吸收比试验相比较，具有以下优点：

（1）泄漏电流试验所使用的直流试验电压是通过高压整流元件（一般为高压硅堆）供给，因此可以提供的试验电压要比绝缘电阻表高很多，而且可以调节。对某个电压等级的设备绝缘施加与其对应的试验电压，可以快速地查找出被试品存在的绝缘缺陷。

（2）泄漏电流试验用微安表来指示泄漏电流的大小，由于微安表的灵敏度高，因此结果比绝缘电阻表精确。对于含有绕组的设备，测量被试品中泄漏电流的微安表直接接于高压侧，可以直接反映出绝缘内部的泄漏电流。

（3）泄漏电流试验不仅可以绘制出泄漏电流与试验时间的关系曲线还可以绘制泄漏电流与所加试验电压的关系曲线，可以更加有效地判断被试设备的绝缘状况。

泄漏电流试验与绝缘电阻测量原理虽然相同，但相对于绝缘电阻而言，泄漏电流试验能够更加有效而且灵敏地发现被试设备可能存在的绝缘缺陷。

二、泄漏电流试验的方法

泄漏电流试验需要直流高压设备供电，用微安表测量泄漏电流。高压设备绝缘试验所用的直流高压是交流高压经过整流得到的。整流设备采用高压硅堆，高压硅堆具有体积小、使用便捷，整流电流较大等特点。泄漏电流试验接线回路图如图3-4所示。测量被试品泄漏电流的微安表直接接在高压侧，如图3-4（a）所示，此种接法的优点是读数方便安全，可以直接反映出绝缘内部的泄漏电流；缺点是回路的高压引线等对地的杂散电流以及高压试验变压器对地的泄漏电流等都流经微安表，造成微安表读数中包含试品绝缘内部泄漏电流以外的电流，从而会引起测量误差。当被试品一端不直接接地时，可将微安表接在被试品与地之间，如图3-4（b）所示，这样可以消除高压引线对地的杂散电流和高压试验变压器对地泄漏电流的影响。

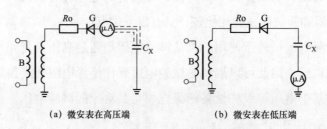

(a) 微安表在高压端   (b) 微安表在低压端

图 3-4　泄漏电流试验接线回路图

被试设备两端的直流高压的测量一般有用高压静电电压表测量、用高压电阻串联微安表测量、用电阻分压器测量、用球隙测量四种方法。

1. 用高压静电电压表测量

根据直流高压不同的数值范围选择不同量程的高压静电电压表，其可以直接测量对应的直流电压。使用高压静电电压表测量虽然精度较高，但一般只在室内试验时采用，不方便在工作现场使用。

2. 用高压电阻串联微安表测量

用高压电阻串联微安表测量直流高压的接线图如图 3–5 所示。

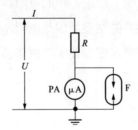

图 3–5　高压电阻串联微安表测量直流高压的接线图

F—保护微安电流表的放电管；R—高压电阻

这种方法的优点是高压直接测量，测量范围很广，能测量数千伏至数万伏的电压。但高压电阻的阻值直接影响测量精度。

3. 用电阻分压器测量

用电阻分压器测量直流高压的原理接线图如图 3–6 所示。通过读取低压电压表 PV 的电压读数 U_2 计算出被测电压 U_1 的值，根据欧姆定律，可得：

$$U_1 = \frac{R_1 + R_2}{R_2} U_2 \qquad\qquad (3-5)$$

式中　$R_1 + R_2$——电阻分压器的高压臂电阻，Ω；

　　　　R_2——电阻分压器的低压臂电阻，Ω。

为了保护仪器及设备安全，可在低压臂电阻 R_2 两端并联一个低压放电管。

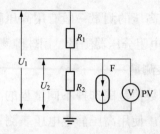

图 3-6　用电阻分压器测量直流高压的原理接线图

F—低压放电管；PV—低压电压表

不论是用电阻构成电阻分压器还是串联一个毫安表来测量直流高压，其关键是要设计一个能在高电压下稳定工作的电阻器。

造成电阻分压器测量误差的主要原因是电阻不稳定，其原因如下：

（1）电阻本身发热（环境温度变化）造成阻值变化。

（2）电晕放电造成测量误差。

（3）绝缘支架的漏电造成测量误差。

4. 用球隙测量

用球隙测量直流电压一般在直流电压很高时采用。球隙测量装置结构简单，但球隙测量的精度不高，一般为 ±3%。球隙一般不在室外使用，因为球隙容易受气流、灰尘等影响，使得放电较分散。球隙测量装置图如图 3-7 所示。

图 3-7　球隙测量装置图

三、直流耐压试验的要求

1. 对直流试验电压的要求

（1）对试验电压极性的要求。根据极性效应，在直流极不均匀电场中，当被试品正极加压负极接地时，被试品的绝缘击穿电压要比负极加压正极接地时低很多。因此，在工作现场直流电压的绝缘耐压试验中，GB 50150—2016《电气装置安装工程　电气设备交接试验标准》规定直流泄漏试验及直流耐压试验的直流输出电压一般为负极性，即负极加压、正极接地。负极性接线可以更好地发现绝缘受潮等缺陷，并且负极性直流电压的击穿电压比正极性直流电压的击穿电压高。

（2）对试验电压波形的要求。相关规程规定，在直流电压试验时，作用在被试品上的直流电压的波纹系数（也称脉动因数）应不大于 3%。脉动因数 S 是指脉动幅值与算术平均值 U_d 比值，即

$$S = \frac{U_{max} - U_{min}}{2U_d} \times 100\% \qquad （3-6）$$

式中　U_{max}——直流电压的最大值，V；

　　　U_{min}——直流电压的最小值，V；

　　　U_d——直流电压的平均值，V。

（3）升压速度。对大电容的被试品，电压的升高应以缓慢的速度进行，以免充电电流过大而损坏试验设备。当电压升高至接近试验电压时，升压速度不能太过缓慢，以免造成耐压时间过长。

（4）耐压时间。由于直流电压作用下绝缘缺陷不易进一步扩大，因此要求加压时间相对较长，一般采用 5~10min 的耐压时长，并且试验电流不超过 1mA。

2. 对试验结果的分析判断

直流耐压试验和泄漏电流试验一般都结合进行，泄漏电流试验施加的直流试验电压较低，是非破坏性试验；直流耐压试验施加的电压较高，是破坏

性试验。参考绝缘电阻和吸收比试验的分析方法，对泄漏电流试验结果和直流耐压的试验结果的分析判断应从以下四个方面进行。

（1）泄漏电流。泄漏电流试验中所测得的泄漏电流一般不应超出相关规程规定的最大允许值。如果测得的泄漏电流超过相关规程规定，应该立即查明原因，并及时消除故障缺陷。

（2）试验数值的相互比较。将试验所测得的泄漏电流与历次同期试验的数据进行比较，对同一台被试设备各相间的泄漏电流数值相互进行对比后，再与其他同类别的电气设备的泄漏电流进行比较，数值间差别不大则为正常，否则应立即查明原因，并及时消除故障缺陷。同时在泄漏电流试验中，每一级试验电压下，泄漏电流不应随加压时间的延长而增大，否则说明绝缘存在一定的缺陷。

（3）分析泄漏电流对时间以及泄漏电流对电压变化的关系曲线。对于大容量设备（如大容量变压器、发电机等），可作出泄漏电流对时间变化的关系曲线 $I=f(t)$ 和泄漏电流对电压变化的关系曲线 $I=f(U)$ 并进行分析。在直流耐压过程中，如果泄漏电流随加压时间的增加而增大，则说明被试设备绝缘一定存在缺陷，如绝缘分层、受潮等。如果泄漏电流随电压的增大而快速增大，则说明被试设备绝缘已经存在内部缺陷。

（4）温度、湿度、脏污对泄漏电流的影响。当空气湿度大时，表面泄漏电流远大于体积泄漏电流。被试品表面脏污易于吸潮，使表面泄漏电流增加，所以必须擦净表面，并应用屏蔽电极。若采用高压侧测量，则屏蔽电极靠近高压端；若采用低压侧测量，则屏蔽电极靠近低压端，最好采用高压侧测量。在进行直流耐压试验和泄漏电流试验时，应尽量排除温度、湿度、脏污等对泄漏电流测量的影响。

在直流耐压试验时，试验电压保持规定的时间，被试品无破坏性放电，微安表读数没有超出规程规定范围，没有出现指针向增大方向摆动、无异常声响等异常情况，耐压试验前后绝缘电阻无明显变化则认为直流耐压试验合格。

第四节 介质损耗角正切值测量

测试介质损耗角正切值 $\tan\delta$ 是 35kV 及以上电力变压器、互感器和多油断路器等充油设备的常规高压试验项目之一。介质损耗角正切值 $\tan\delta$ 可以反映出绝缘的一系列缺陷，如绝缘受潮、绝缘油或浸渍剂脏污和劣化变质等缺陷。本节主要介绍介质损耗角正切值 $\tan\delta$ 测量的原理、测量方法、影响因素及试验结果的判断。

一、$\tan\delta$ 测量的原理

任何电气设备的导电体都利用绝缘介质保持对地绝缘和相间绝缘，因此电气设备的导电体具有对地电容和相间电容。理想的绝缘介质是无损耗的，但在前面的知识中，我们知道绝缘介质在交变电场的作用下会有极化损耗和电导损耗。因此，绝缘中流过的电流不是理想化的超前电压 90°，而是会小于90°，这个小角度差即为损耗角。由极化电流和吸收电流流过绝缘介质引起的有功损耗称为介质损耗。

通过绝缘介质的电容电流产生无功功率，泄漏电流和吸收电流引起绝缘介质发热所产生的功率称为有功功率。有功功率 P 和无功功率 Q 的比值称为介质损耗因数（即介质损耗角正切值），即

$$\tan\delta = P/Q \tag{3-7}$$

当绝缘介质上施加交流电压时，流过绝缘的全电流 I 滞后于电容电流 I_C，绝缘介质中电压 – 电流相位图如图 3-8 所示，滞后角 δ 称为介质损耗角。

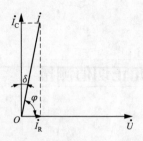

图 3-8　绝缘介质中电压 - 电流相位图

由于介质损耗角一般情况下数值较小，故存在以下关系：

$$\tan\delta \approx \sin\delta = \cos\varphi \qquad (3-8)$$

绝缘介质特性的等值电路如图 3-9 所示。由于流经绝缘介质的电流分为电容性电流和电阻性电流，电阻性电流分为泄漏电流和吸收电流，电容性电流的大小与被试品的电容大小有关。因此可以将电气设备的主绝缘看作是一个电阻 R_p 和一个理想的纯电容 C_p 并联而成。由欧姆定律可知，纯电容 C_p 上流过的电流 I_C 超前端电压 U 90°；纯电阻 R 流过电流 I_R 与端电压相位相同。由图 3-9 可见，有功损耗越大，电流 I_R 也越大，损耗角 δ 也越大。

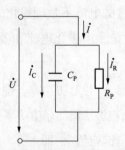

图 3-9　绝缘介质特性的等值电路

由图 3-8、图 3-9，根据三角函数可知，介质损耗角 δ 的正切值为

$$\tan\delta = \frac{I_R}{I_C} = \frac{U/R_C}{U\omega C_p} = \frac{1}{\omega C_p R_p} \qquad (3-9)$$

施加交流电压时，绝缘介质中损耗的有功功率即为介质损耗 P，其大小为

$$P = UI\cos\varphi \approx UI\tan\delta = \omega U^2 C_p\tan\delta \qquad (3\text{--}10)$$

当试验电压 U、电源频率 ω 一定，被试品等效电容 C_p 也一定时，介质损耗 P 与介质损耗角正切值 $\tan\delta$ 成正比。因此，在绝缘试验时，可以通过测量介质损耗角的正切值 $\tan\delta$ 来反映介质损耗的大小，当被试设备的绝缘由于受潮、含有气隙或因老化而劣化时，有功损耗将增加，介质损耗角正切值也随之增大。

介质损耗角正切值 $\tan\delta$ 测量一般多用于 35kV 及以上的电力变压器、互感器、多油断路器和变压器油的绝缘试验。由于介质损耗角正切值 $\tan\delta$ 可以较为灵敏地反映这些设备的绝缘缺陷，而且试验时的测试电压为 10kV，低于正常运行电压，属于非破坏性试验。

介质损耗角正切值 $\tan\delta$ 测量存在一定的局限性，它对局部缺陷反应不灵敏。如在式（3--10）中，介质损耗角正切值 $\tan\delta$ 是反映整体的绝缘试品有功功率损耗大小的特性参数，与绝缘的体积参数无关。如果绝缘内部的缺陷是呈现集中性的而不是分布性的，则 $\tan\delta$ 有时反应不够灵敏。当被试绝缘的体积越大，而集中性缺陷所占的体积越小，那么集中性缺陷处的介质损耗占被试品全部绝缘的比重就越小。对于发电机、电缆这类大电容的电气设备，由于故障多为集中性缺陷导致，而被试电容体积又较大，介质损耗占比较小，故障程度不易体现，$\tan\delta$ 的效果较差；对于套管这一类体积较小的设备，介质损耗角正切值不仅可以反映套管绝缘的整体情况，也可以反映集中性缺陷。

二、tanδ 测量方法

测量介质损耗角正切值 $\tan\delta$ 一般采用平衡电桥法。其中西林电桥在变压器、发电机、互感器等高压设备的 $\tan\delta$ 测量中应用较为普遍，以下对西林电桥做简要介绍。

1. 原理接线图

西林电桥属于交流平衡电桥，测试时通过调节桥臂的可变电阻和可变电容达到电桥平衡，使得流过检流计的电流为零，再根据电桥平衡条件计算出介质损耗角正切值 $\tan\delta$。西林电桥的原理接线图如图 3-10 所示。

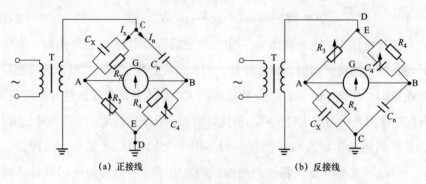

图 3-10　西林电桥原理接线图

图 3-10（a）为西林电桥测试正接线，适用于被试品整体可以与地面隔离，两端绝缘的产品；而图 3-10（b）为反接线，适用于被试品不能与地隔离，或者一端接地的产品。西林电桥正接线与反接线相比，其抗干扰能力更强。当西林电桥采用反接线时，试验电压直接加在桥体内，桥体内的部分元件需对地绝缘，因此需要较为严格的安全措施和技术要求，试验电压也严格限制，一般不超过 10kV。当西林电桥采用正接线时，试验电压是直接加在被试品上，电桥上的电压相对较低，适用于高压电容式套管、高压电流互感器等。

2. 介质损耗角正切值 $\tan\delta$ 的测量

以反接线为例，测试过程中，通过调节可变电阻 R_3 和可变电容 C_4 使得电桥平衡，即检流计 G 中电流 I_G 为零，此时根据电桥平衡原理，可得：

$$\tan\delta = \omega C_4 R_4 \tag{3-11}$$

通常取 $R_4 = 104/\pi\,\Omega$，$f = 50\mathrm{Hz}$，且 $w = 2\pi f$，可得：

$$\tan\delta = 100\pi \times 10^4/\pi \times C_4 = 10^6 C_4 \tag{3-12}$$

当 C_4 的单位取 μF 时，有

$$\tan\delta = C'_4 \tag{3-13}$$

因此，当电桥平衡时，可变电容数值（单位取 μF）就等于介质损耗正切值 $\tan\delta$。

三、影响测试结果的因素和消除方法

1. 影响 $\tan\delta$ 测量结果的因素

$\tan\delta$ 是一项表示绝缘内功率损失大小的参数，对于均匀介质，它实际反映着单位体积介质内的介质损失，与绝缘的尺寸、体积大小均无关。但 $\tan\delta$ 的测量受到温度、湿度、电场和磁场的影响。

（1）温度的影响。绝缘介质温度上升时，绝缘介质损耗增加，介质损耗角正切值 $\tan\delta$ 增大。$\tan\delta$ 试验应在良好的天气进行，并且试验时环境温度不低于 5℃。测量变压器 $\tan\delta$ 时，应在变压器顶层油温低于 50℃时进行，并记录顶层油温和空气相对湿度，同时注意温度对 $\tan\delta$ 的影响。测量油纸电容型套管的 $\tan\delta$ 时，一般不进行温度换算，当 $\tan\delta$ 与出厂值比较有明显增长时，应综合分析 $\tan\delta$ 与温度、电压的关系；当 $\tan\delta$ 随温度明显变化或试验电压由 10kV 升到 $U_m/\sqrt{3}$ 时，$\tan\delta$ 增量超过 ±0.3%，不应投运，应查明原因。测量电力变压器绕组的介质损耗角正切值 $\tan\delta$ 时，温度以 10~40℃为宜。

（2）电场的影响。外界带电线路或设备与被试品的高压部分间存在电容耦合的现象，导致被试品表面会产生干扰电流，从而影响介质损耗角正切值 $\tan\delta$ 的测量结果。为了消除磁场对测量的干扰，可以把检流计极性转换开关分别置于两种不同的极性位置进行两次测量，求其平均值。

（3）磁场的影响。当电桥靠近电抗器等漏磁通较大的设备时会受到磁场干扰，主要是由于磁场作用于电桥检流计内部电流线圈回路引起的。

2. 电场干扰的消除方法

在测试电力设备 $\tan\delta$ 时，即使电桥本身采用屏蔽，连接导线采用屏蔽导线，但有时外界干扰仍然明显。为了减少这种误差，可以采用屏蔽法、倒相法、移相电源法和异频电源法。

（1）屏蔽法。测量 $\tan\delta$ 用的仪器和试验连接线都应有完善的屏蔽结构（如采用屏蔽线），以防止外部电磁场干扰产生附加电流影响测试的准确性。

此外，在被试品高压部分加设屏蔽罩，在可能条件下用内侧有绝缘层的金属罩、铝箔等罩住，并可将此屏蔽罩与电桥的屏蔽相连，以减少电场干扰的影响。

（2）倒相法。倒相法较为简便，由于干扰电流的相位是不变的，测量时将电源正、反接各测一次。

其具体做法是轮流选取 A、B、C 三相低压电源中的一相作为试验电源进行试验，每相又在正反两种极性下测出试品介质损耗值 $\tan\delta_1$ 和 $\tan\delta_2$，再在三相中选取 $\tan\delta_1$ 和 $\tan\delta_2$ 之间差值最小的一组，取其平均值作为试品的 $\tan\delta$ 的测试结果。在利用倒相法测 $\tan\delta$ 时，也可以更换试验电源的所在相，使倒相前后测得的两个 $\tan\delta$ 更接近。

（3）移相电源法。电桥电源采用移相电源，由于干扰电源的相位是不变的，当调节电源电压 U 的相位时，试验电流 I 的相位也相应地变化，于是可以改变干扰电流和试验电流的夹角。当调节移相器使得它们间的夹角为零时，即可排除干扰电源的影响。如果在试验电源的相位翻转 $180°$ 后，前后两次测得的 $\tan\delta$ 数值不变，则这个数据就是实际值，已排除了外电场干扰的影响。

（4）异频电源法。在现场测量 $\tan\delta$ 时，有时工频电场干扰很大，倒相、移相效果都不理想，可采用异频（非 50Hz）的专用试验电源的方法。在不同频率下分别测得两次介质损耗角正切值 $\tan\delta$，并取其平均值，则可以认为该试品在 50Hz 的电场干扰已排除。

3. 试品表面泄漏的影响及消除方法

西林电桥电路没有考虑任何杂散或干扰电流对电桥测量结果的影响，是一种理想电路。但在实际试验过程中，需要考虑桥臂对地杂散电流的影响。除电桥本身采用屏蔽外，还需用屏蔽环将被试品表面的泄漏电流直接流回试验电源，从而避免被试品表面泄漏电流被电桥测量，从而影响测量结果。用西林电桥测试 $\tan\delta$ 时消除表面泄漏电流的接线方法如图 3-11 所示。

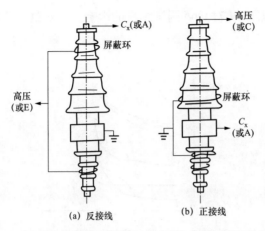

图 3-11 用西林电桥测试套管 $\tan\delta$ 时消除表面泄漏的接线方法

四、试验结果的判断及注意事项

根据相关国家标准和电气试验规程，对相关电气设备绝缘的介质损耗正切值 $\tan\delta$ 的测试结果进行判断时应注意以下事项。

（1）通过测量 $\tan\delta$ 可以反映整个绝缘的分布性缺陷。但当绝缘内的缺陷不是分布性而是集中性时，用介质损耗正切值 $\tan\delta$ 来反应就不灵敏了，并且被试绝缘体积越大，就越不灵敏。对于发电机、电缆这类电气设备，由于运行中的故障多为集中性缺陷所导致的，并且体积绝缘很大，用 $\tan\delta$ 测量反映此类电气设备的绝缘状况效果很差。因此，对发电机、电缆等大体积绝缘设备进行预防性试验时，一般不测量 $\tan\delta$。对套管，测量 $\tan\delta$ 则是非常有效的。

（2）在用 $\tan\delta$ 判断电气设备绝缘状况时，应该参考历年同期并且处于相同运行条件的同类型电气设备试验数据。而且，不能通过 $\tan\delta$ 测量一个试验就判断设备绝缘的好坏，应该结合其他绝缘试验项目进行综合判断，以便准确判断出设备的绝缘状况。当测得的 $\tan\delta$ 虽然没有超过相关规程规定的允许值，但相比往年数据有明显增大的迹象时，应该及时查找原因，以免电气设备在运行过程中发生故障。

（3）试验电压变化对 tanδ 测试结果的影响。tanδ 随试验电压 U 变化曲线如图 3-12 所示。

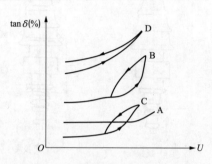

图 3-12　tanδ 随试验电压 U 变化曲线

A—良好绝缘；B—绝缘中存在气隙；C—绝缘受热老化；D—绝缘受潮

图 3-12 中的曲线 A 表示良好绝缘的情况。如果是良好绝缘，试验电压上升至额定工作电压前，tanδ 一直是恒定的，仅试验电压很大时，tanδ 略有增大。当试验电压降低时，tanδ 能够沿原上升曲线下降。

图 3-12 中的曲线 B 表示绝缘中存在气隙的情况。外施电压达到局部放电起始电压后，介质损耗角正切值 tanδ 快速增大，原因是气隙放电导致绝缘内部有功功率损失增大。当电压下降时，tanδ 下降曲线在上升曲线的上侧，其原因是局部放电还在继续，当局部放电结束，电弧熄灭，曲线重合。

图 3-12 中曲线 C 表示绝缘受热老化时的情况。对已老化的绝缘，其绝缘电阻下降厉害，绝缘内部有功损耗加大，在低电压时，其介质损耗角正切值 tanδ 比良好绝缘要低。当电压升高时，已老化绝缘很快出现局部放电，局放起始电压远低于良好绝缘的局部放电起始电压。当电压下降时，能够形成闭合曲线。

图 3-12 中曲线 D 表示绝缘受潮时的情况。绝缘受潮且在较低电压时，绝缘内部有功损耗增大，其介质损耗角正切值 tanδ 已经较大，随着电压升高，tanδ 继续增大。当电压逐渐下降时，由于受潮绝缘在升压过程中已发热，tanδ 受温度影响，不能与原数值重合，从而形成开口曲线。

第五节　交流耐压试验

一、交流耐压试验的基本概念

耐压试验是检验电器、电气设备、电气装置、电气线路和电工安全用具等承受过电压能力（绝缘裕度）的主要方法之一。

交流耐压试验因加压方式不同又分为工频交流耐压试验和感应耐压试验。

1. 交流耐压试验的意义

交流耐压试验对绝缘的考核非常严格，能够有效地发现被试设备的集中性缺陷，对判断电气设备绝缘水平、能否投入运行、避免绝缘事故的发生具有重要意义。由于交流耐压试验更符合电气设备绝缘的实际运行情况，因此往往更能有效地发现绝缘弱点。正因为如此，在电气设备绝缘的各项试验中，工频交流耐压试验是一项具有决定意义的试验。它是在前面各项绝缘试验都已进行且检验合格之后，最后判断电气设备能否投入运行的鉴定性试验。

2. 交流耐压试验的特点

（1）通常在被试设备额定电压的 2.5 倍及以上进行，从介质损失的热击穿观点出发，可以有效地发现局部游离性缺陷及绝缘老化的弱点。

（2）由于在交变电压下主要按电容分压，故能够有效地暴露设备绝缘缺陷，但是对绝缘的破坏性比直流大，而且由于试验电流为电容电流，所以需要大容量的试验设备。

二、交流耐压试验的优缺点

1. 优点

交流耐压试验是对电气设备绝缘外加交流试验电压，该试验电压比设备额定工作电压要高，并能持续一定时间（工频一般为 1min）。交流耐压试验是一种最符合电气设备的实际运行条件的试验，交流耐压试验是鉴定电气设备绝缘强度最直接的方法，它对判断电气设备能否投入运行具有决定性的意义，也是保证设备绝缘水平、避免发生绝缘事故的重要手段，交流耐压试验是各项绝缘试验中具有决定性意义的试验。

2. 缺点

首先，交流耐压试验是破坏性试验；其次，在试验电压下会引起绝缘内部的累积效应。因此，对试验电压的选择是十分慎重的。对同一电气设备新旧程度和不同的电气设备所取得电压数值都是不同的，在 GB 50150—2016《电气装置安装工程电气设备交接试验标准》中已做了相关规定；对于进口设备，在制造厂的说明书中也明确给出了交流耐压的标准和试验电压数值。

三、交流耐压试验的分类

1. 外施工频耐压试验

外施工频耐压试验接线示意图如图 3-13 所示，外施工频耐压试验设备通常包括调压器 TZ，试验变压器 T，高压测量用电容分压器 C1、C2，保护电阻 R1、R2，低压侧电流表 A1，高压侧毫安表 A2，保护球隙 Q 等。

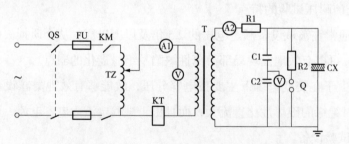

图 3-13　外施工频耐压试验接线示意图

应用范围：工频交流耐压试验可以应用于大多数全绝缘电气设备的绝缘水平鉴定。

优点：应用场合广泛，在谐振耐压技术成熟前普遍应用。

缺点：在工频条件下，由于被试品电容量较大或试验电压要求较高，对试验装置的电源容量也有较高的要求；传统的工频耐压装置（交流耐压试验变压器）由于单件体积大，质量大，不便于现场搬运，而且不便于任意组合，灵活性较差，现场球间隙调整困难，击穿时对被试设备和试验设备冲击大，易损坏设备。

2. 谐振耐压试验

谐振耐压试验接线示意图如图 3-14 所示，谐振耐压试验装置由工频电源、励磁变压器、电抗器、电容分压器等组成。

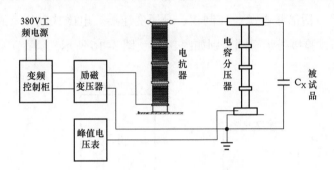

图 3-14　谐振耐压试验接线示意图

应用范围：谐振耐压试验可以应用于大多数全绝缘电气设备的绝缘水平鉴定。

优点：应用场合广泛，设备轻巧，试验电源容量要求小，成本低，接线便捷。击穿时对被试设备和试验设备冲击小，可方便在现场恶劣环境下使用。

缺点：设备内部（变频电源）结构复杂，现场可修复性不强。

3. 倍频感应耐压试验

对变压器、电磁式电压互感器等，绝缘可分为主绝缘和纵绝缘，主绝缘主要是一、二次绕组间和对地绝缘；纵绝缘则包括绕组匝间、层间绝缘。普通工频交流耐压试验中所考核的仅仅是绕组的主绝缘，无法考验纵绝缘，尤其是对分级绝缘变压器和试验变压器。因此，通常采用在二次绕组加压使一次绕组得到高压的试验方法，即倍频感应耐压试验，此试验方法不仅考核被试设备的主绝缘（绕组对地、相间等），同时考核被试设备的纵绝缘（绕组匝间、层间绝缘等）。当频率超过 100Hz 时，感应耐压时间 t 由式（3-14）计算且不小于 15s。

$$t = 60 \times \frac{100}{f_x} \qquad\qquad (3\text{-}14)$$

式中　t——加压时间，s；

　　　f_x——试验电源频率，Hz。

对电磁式电压互感器、变压器进行感应交流耐压试验时，一般在低压绕组上施加频率 100~200Hz、2 倍额定电压的试验电压，非被试绕组开路，试验装置主要包括倍频电源、控制箱、升压变压器。电磁式电压互感器、变压器感应耐压试验接线示意图分别如图 3-15、图 3-16 所示。

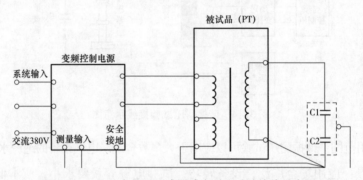

图 3-15　电磁式电压互感器感应耐压试验接线示意图

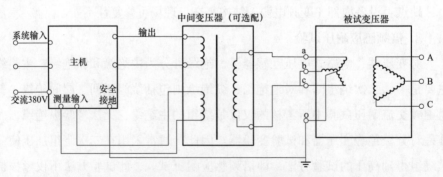

图 3-16　变压器感应耐压试验接线示意图

应用范围：针对半绝缘设备的绝缘水平的鉴定的试验，如中性点接地的变压器，电磁式电压互感器等。感应耐压试验的电源频率一般采用 100、150、

250Hz，不宜高于 400Hz，由于 150Hz 电源（即三倍频电源）相对容易获得，采用较多。

优点：对于电磁型绕组式设备，由式（3-15）可知，通过提高频率可以进行超过额定电压的耐压试验，而不导致铁芯过饱和；施加电流过大导致被试设备过热，破坏绝缘。

$$E = 4.44F\Phi N \tag{3-15}$$

式中　E——感应电动势；

　　　f——频率；

　　　Φ——磁通；

　　　N——绕组匝数。

缺点：针对的电气设备的范围小。

四、交流耐压试验的注意事项

交流耐压试验是破坏性试验，在交流耐压试验之前必须对被试品先进行以下项目试验及检查，结果正常方能进行交流耐压试验，若发现设备的项目检查不通过（如绝缘受潮或开关位置不一致等），通常应先进行处理后再做耐压试验，避免造成不应有的绝缘击穿。

（1）被试设备常规试验（如绝缘电阻、吸收比、泄漏电流、介质损失角等绝缘试验及直流电阻等特性试验）合格。

（2）被试油浸式设备绝缘油样试验合格，静置时间应符合相关国标标准、企业标准和制造厂规定时间，试验前应对设备进行放气。

（3）被试 SF_6 充气式设备注入合格的额定压力的 SF_6 气体，静置时间应符合制造厂规定时间，SF_6 气体微水、检漏完成并合格。

（4）被试设备动作可靠、实际位置与指示位置一致。

（5）被试电磁式设备本体、铁芯、夹件接地与变电所主接地网可靠连接。

（6）被试设备电容型套管末屏应按运行状态可靠接地。

（7）被试设备所有电流互感器二次侧应可靠短路接地，所有电压互感器二次侧应可靠开路并一端接地。

五、部分设备耐压试验电压

不同类设备的耐压试验电压均应符合 GB 50150—2016《电气装置安装工程 电气设备交接试验标准》中的相关要求，一般要求测量电压峰值或有效值的总不确定度应不大于 ±3%。

1. 高压电气设备绝缘的工频耐压试验电压标准

高压电气设备绝缘的工频耐压试验电压标准见表 3-1。

表 3-1　　　　高压电气设备绝缘的工频耐压试验电压标准　　　　　　　　kV

| 额定电压 | 最高工作电压 | 1min 工频耐受电压有效值（湿试/干试） | | | | | | 支柱绝缘子 | | | |
| | | 电压互感器 | | 电流互感器 | | 穿墙套管 | | 湿试 | | 干试 | |
		出厂	交接	出厂	交接	出厂	交接	出厂	交接	出厂	交接
3	3.6	18/25	14/20	18/25	14/20	18/25	15/20	18	14	25	20
6	7.2	23/30	18/24	23/30	18/24	23/30	18/26	23	18	32	26
10	12	30/42	24/33	30/42	24/33	30/42	26/36	30	24	42	34
15	17.5	40/55	32/44	40/55	32/44	40/55	34/47	40	32	57	46
20	24.0	50/65	40/52	50/65	40/52	50/65	43/55	50	40	68	54
35	40.5	80/95	64/76	80/95	64/76	80/95	68/81	80	64	100	80
66	69.0	140/160	112/120	140/160	112/120	140/160	119/136	140/160	112/128	165/185	132/148
110	126	185/200	148/160	185/200	148/160	185/200	160/184	185	148	265	212
220	252	360	288	360	288	360	306	360	288	450	360
—	—	395	316	395	316	395	336	395	316	495	396
330	363	460	368	460	368	460	391	570	546	—	—
		510	408	510	408	510	434	—			
500	550	630	504	630	504	630	536				

续表

额定电压	最高工作电压	1min 工频耐受电压有效值（湿试 / 干试）									
		电压互感器		电流互感器		穿墙套管		支柱绝缘子			
								湿试		干试	
		出厂	交接	出厂	交接	出厂	交接	出厂	交接	出厂	交接
—	—	680	544	680	544	680	578	680	544	—	—
—	—	740	592	740	592	740	592	—	—	—	—
750	—	900	—	—	—	900	765	900	720	—	—
—	—	960	—	—	—	960	816	—	—	—	—

注：栏中斜线后的数值为该类设备的外绝缘干耐受电压。

2. 电力变压器和电抗器交流耐压试验电压标准

（1）电力变压器和电抗器交流耐压试验电压标准见表 3-2。

表 3-2 　　　　　　电力变压器和电抗器交流耐压试验电压标准　　　　　　kV

系统标称电压	设备最高电压	交流耐压	
		油浸式电力变压器和电抗器	干式电力变压器和电抗器
< 1	≤ 1.1	—	2
3	3.6	14	8
6	7.2	20	16
10	12	28	28
15	17.5	36	30
20	24	44	40
35	40.5	68	56
66	72.5	112	—
110	126	160	—

注：110（66）kV 干式电抗器的交流耐压试验电压应按技术协议中规定的出厂试验电压的 80% 执行。

（2）额定电压 110（66）kV 及以上的电力变压器中性点交流耐压试验电压标准见表 3-3。

表 3-3　额定电压 110（66）kV 及以上的电力变压器中性点交流耐压试验电压标准

kV

系统标称电压	设备最高电压	中性点接地方式	出厂交流耐受电压	交流耐受电压
66	—	—	—	—
110	126	不直接接地	95	76
220	252	直接接地	85	68
		不直接接地	200	160
330	363	直接接地	85	68
		不直接接地	230	184
500	550	直接接地	85	68
		经小阻抗接地	140	112
750	800	直接接地	150	120

第六节　直流电阻及接地电阻测量

一、直流电阻测量的基本概念

电阻是反映导体对电流阻碍作用大小的物理量，不同导体的电阻按其性质的不同还可分为线性电阻和非线性电阻两种类型。线性电阻满足欧姆定律，非线性电阻不满足欧姆定律。

直流电阻就是导体通直流电所产生的阻抗。理想模型时可视电感为短路，即电阻为 0；电容为开路，即电阻为无穷大。

直流电阻测量是电气设备试验中常见的测量项目，对判断电气设备导电回路的连接和接触情况有重要作用。

对线圈类电气设备（如发电机、变压器等）的导电回路进行直流电阻测量，可以检查出绕组内部导线的焊接质量是否良好，引线与绕组的焊接质量是否良好，绕组所用导线的规格是否符合设计要求，绕组载流部分有无部分断裂、接触不良，绕组有无匝间、层间短路现象，分接开关、引线与套管等其他载流部分的接触是否良好，并联支路连接是否正确，三相电阻是否平衡等。

对开关类电气设备（如断路器、GIS 等）的导电回路进行直流电阻测量，可以判断断路器动静触头是否接触良好，检查导电回路有无接触性缺陷、是否接触良好、是否有磨损以及接触面是否有氧化层等。电气设备在运行中如果接触电阻大，就会导致缺陷部分通过电流时局部发热，尤其是通过短路电流时发热更严重，可能烧伤周围绝缘或造成触头烧熔黏结，甚至导体熔化，从而影响断路器跳闸时间和开断能力，甚至产生拒动。

二、直流电阻测量的方法

直流电阻测量的基本原理是在被试电阻上施加某一直流电压，根据被试电阻两端电压和通过被试电阻的电流的数量关系算出直流电阻。直流电阻测量的方法一般有压降法和电桥法两种。

1. 压降法

压降法是测量直流电阻最简单的方法。压降法是通过在被试电阻上通直流电流，用合适量程的毫伏表或伏特表测量电阻上的压降，然后根据欧姆定律计算出电阻的方法。压降法测量直流电阻接线图如图 3-17 所示。

为了减小接线所造成的测量误差，测量小电阻（1Ω 以下）时，采用图 3-17（a）所示接线，测量大电阻（1Ω 以上）时，采用图 3-17（b）所示接线。

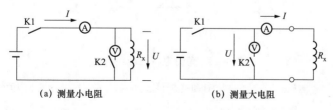

(a) 测量小电阻   (b) 测量大电阻

图 3-17　压降法测量直流电阻接线图

按图 3-17（a）接线时，考虑电压表内阻 r_v 的分路电流 I_v，则被试绕组的电阻应为

$$R_x = \frac{U}{I - I_v} = \frac{U}{I - U/r_v} \qquad （3-16）$$

实际上，现场测量一般均按 $R_x = U/I$ 计算，则绕组电阻测量误差为 $R/r_v \times 100\%$，R 越小，误差越小，所以此种接线适用于测量小电阻。

按图 3-17（b）接线时，考虑电流表内阻 r_A 的电压降，则被试绕组电阻应为

$$R_x = \frac{U - I_{r_A}}{I} \qquad （3-17）$$

若仍以 $R_x = U/I$ 计算，绕组实际电阻应减去差值 $\alpha = r_A$，绕组电阻测量误差为 $R/r_A \times 100\%$，R 越大，误差越小，所以此种接线适用于测量大电阻。

压降法的直流电源可采用蓄电池、精度较高的整流电源、恒流源等。

2. 电桥法

用电桥法测量时，常采用单臂电桥和双臂电桥等专门测量直流电阻的仪器。被测电阻 10Ω 以上时，采用单臂电桥；被测电阻 10Ω 以下时，采用双臂电桥。

（1）单臂电桥。单臂电桥也称惠斯通电桥或惠登电桥，单臂电桥原理接线图如图 3-18 所示。

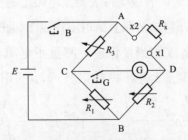

图 3-18　单臂电桥原理接线图

E—电池；B—电池按钮开关；G—检流计和检流计按钮开关；x1、x2—接被测电阻的两个接线柱；

R_x—被测电阻；R_1、R_2、R_3—可变电阻（标准电阻）

在电桥平衡时，被测电阻 R_x 计算公式如下：

$$R_x = \frac{R_2}{R_1} \times R_3 = KR_3 \qquad\qquad (3-18)$$

式中　K——倍率。

改变电阻 R_1、R_2 比值 R_2/R_1 即改变倍率 K。

单臂电桥的型号有 QJ23 型、QJ24 型、有惠登电桥 850 型等，电桥测量范围一般为 $1\sim9999000\,\Omega$。精度可达 0.2%。实际上，单臂电桥一般用于测量中值电阻（阻值为 $10\sim10^6\,\Omega$）。对阻值在 $10\,\Omega$ 以下的低值电阻，为了提高测量精度，一般用双臂电桥测量。

（2）双臂电桥。双臂电桥是在单臂电桥的基础上增加特殊结构，以消除测试时连接线和接线柱接触电阻对测量结果的影响。特别是在测量低电阻时，由于被测量很小，试验时的连接线和接线柱接触电阻会对测试结果产生很大影响，造成很大误差，因此测量 $10^{-6}\sim10\,\Omega$ 的低值电阻时应使用双臂电桥。双臂电桥原理接线图如图 3-19 所示。

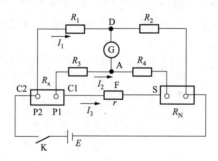

图 3-19　双臂电桥原理接线图

图 3-19 中的 R_1、R_2、R_3、R_4 和 R_N 均为标准电阻，其中有的标准电阻可以调节，而且在调节过程中，式（3-19）的关系始终成立。

$$\frac{R_1}{R_2} = \frac{R_3}{R_4} \qquad\qquad (3-19)$$

如果图 3-19 中没有 R_3 和 R_4，而把检流计 G 直接接到 D 与 F 之间就会形成一般的单臂电桥。由于 C1 与 S 之间有连接线电阻（包括接触电阻）r 存在，而 R_x 和 R_N 又是很小的电阻，因此测量结果会有很大的误差。

设想把连接线电阻 r 分为两段，并使 C1 与 F 间的阻值 R' 和 F 与 S 间的阻值 R'' 之比等于 R_x 与 R_N 之比，即

$$\frac{R'}{R''}=\frac{R_x}{R_N} \tag{3-20}$$

则在电桥平衡时，有

$$\frac{R_1}{R_2}=\frac{R_x+R'}{R_N+R''}=\frac{R_x}{R_N} \tag{3-21}$$

通过以上方法即可以消除 C1 与 S 之间连接线电阻的影响。但实际上又无法找到 F 点，因此在 C1 与 S 之间另加分压电阻 R_3、R_4，通过调节 R_3 与 R_4 的比值，使 A 点电位与 F 点电位相等，这样检流计 G 就不必接到 F 点而可以接到 A 点。当电桥平衡时，如果能保持式（3-19）的比例关系，则 $R_x/R_N = R_1/R_2$，即式（3-22）关系式成立。

$$\frac{R_1}{R_2}=\frac{R_3}{R_4}=\frac{R_x}{R_N} \tag{3-22}$$

从而有

$$R_x=R_N\frac{R_1}{R_2} \tag{3-23}$$

即被测电阻 R_x 与连接线电阻 r 无关，从而消除了试验连线对测量结果的影响。实际上，对于图 3-19 的原理接线图，当电桥平衡时，必有

$$\frac{R_1}{R_2} = \frac{R_x + R_3}{R_N + R_4} \tag{3-24}$$

如果能保持 $R_1/R_2 = R_3/R_4$ 的比例关系始终不变，则必然有

$$\frac{R_1}{R_2} = \frac{R_x}{R_N} \tag{3-25}$$

或

$$\frac{R_1}{R_2} = \frac{R_3}{R_4} = \frac{R_x}{R_N} \tag{3-26}$$

从而有

$$R_x = R_N \frac{R_1}{R_2} \tag{3-27}$$

由式（3-26）、式（3-27）可知，电桥平衡时如果保持 $R_1/R_2 = R_3/R_4$，就能消除试验连线对测量结果的影响。

由上面分析可见，在图 3-19 所示的双臂电桥接线中，至关重要的是保持 $R_1/R_2 = R_3/R_4$ 始终成立。有以下两种办法可保持该关系式始终成立：①制作双臂电桥时，两组桥臂的电阻 R_1、R_2 和 R_3、R_4 采用不可调的固定电阻，且保持 $R_1/R_2 = R_3/R_4$ 的关系不变，将 R_N 变成可调电阻，通过调 R_N 达到电桥平衡，检流计指示零位；② R_N 采用固定的标准电阻，R_1 与 R_3、R_2 与 R_4 分别采用联带同步调整的可变电阻，调整 R_1、R_2 时，阻值同步变化，以保持比值 $R_1/R_2 = R_3/R_4$ 关系始终不变。这两种办法都能达到保持 $R_1/R_2 = R_3/R_4$ 的关系不变的目的。

当测量大容量试品时，由于其电感量大，充电时间长，因此测量工作耗费时间长。现在一般采用全压恒流电源作电桥的测量电源，以使充电时间缩到最短，用全压恒流源作电源测量直流电阻的接线图如图 3-20 所示。

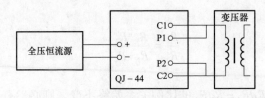

图 3-20　用全压恒流源作电源测量直流电阻的接线图

三、直流电阻测量的注意事项

（1）测量电感性被试物时的充电过程。在测量电感性被试物（如测量变压器类产品的直流电阻）时，要有一个充电过程。在通直流电源的瞬间被测回路电流不能发生突变，因此显示的阻值很大，随着时间的延长，充电过程逐渐结束，阻值逐渐下降最后稳定在某一数值，该稳定数值就是测得的最后结果。因此如果用普通双臂电桥测量高电压大容量电力变压器的直流电阻时，需要很长的充电时间才能测得较为准确的结果。

（2）直流电阻数值与温度有关。直流电阻的数值和温度有关，温度换算系数与导体的种类有关。

对铜导体，有

$$R_2 = R_1 \times \frac{235 + T_2}{235 + T_1} \qquad （3-28）$$

对铝导体，有

$$R_2 = R_1 \times \frac{225 + T_2}{225 + T_1} \qquad （3-29）$$

式中　R_1——温度 T_1（℃）时的电阻；

　　　R_2——换算至温度 T_2（℃）时的电阻。

为了比较同一被试物在不同时期的测量结果，必须进行温度换算，这时应注意温度测量的准确性。

（3）直流电阻测得数值的精度与选择的倍率有关。在使用电桥测量直流电阻时，应适当选择电桥的倍率，以保证测量精度。

（4）直流电阻测试结果的判断按照有关国家标准规定执行。

四、接地电阻测量的基本概念

（1）接地类型分类。电力系统因需要及用途的不同，设有不同的接地装置。为了保证电气设备在运行中的安全，以及电气设备发生故障时的人身安全，必须使不带电的金属外壳妥善接地，这种接地称为保护接地；在电力系统中，利用大地作导体或由于其他运行需要而设置的接地，称为工作接地；过电压保护需要依靠接地装置将雷电流泄入大地，这种接地称为过电压保护接地。

电气设备的某些部分与大地的连接称为接地。接地是每个电气设备不可缺少的部分。埋在土壤中的金属体和互相连接的金属体统称为接地体或接地极。将接地体和电气设备应该接地的部分连接起来的金属导线称作接地线。接地体和接地线组成了接地装置。

由于接地装置大部分埋在土壤中，容易受到外力破坏，且因土壤中化学、水分的腐蚀，往往会发生损伤甚至造成断裂。对新安装的接地装置，必须对接地电阻进行测量且合格后，接地设备才能投入运行。

（2）接地电阻概念及分类。接地电阻是指当电流由接地体流入土壤时，土壤中呈现的电阻。它包括接地体与设备间的连线电阻、接地体本身电阻和接地体与土壤间电阻的总和，其数值等于接地体对大地零电位点的电压和流经接地体电流的比值。接地电阻有冲击接地电阻和工频接地电阻两种。冲击接地电阻是通过接地体的电流为冲击电流时求得的接地电阻；工频接地电阻是通过接地体的电流为工频电流时求得的接地电阻。一般在不特别指名时，接地电阻均指工频接地电阻。实验证明，在距单根接地极 20m 以外的地方电阻几乎为零，因此该处的电位也趋近于零。

影响接地电阻的主要因素有土壤电阻率、接地体的尺寸形状及埋入深度、接地线与接地体的连接等，接地电阻的数值是会变化的，因此有必要定期对接地电阻进行测量。

五、接地电阻测量的方法

测量接地电阻一般采用伏安法或接地电阻表法，接地电阻测量的原理接线图如图 3-21 所示。

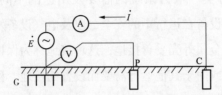

图 3-21　接地电阻测量的原理接线图

G—接地极；P—电位探针；C—电流探针

在接地极 G 与电流探针 C 之间加上交流电压 E 后，通过大地构成电流回路。当电流从 G 向大地扩散时，在接地极 G 周围土壤中形成电压降，距离接地极 G 越近，土壤中电流密度越大，单位长度的电压降也越大，而距 G、C 越远的地方，电流密度越小，沿电流扩散方向单位长度土壤中的电压降越小。如果 G、C 两极间的距离足够大，则就会在中间出现压降近于零的区域 P。

接地极 G 的工频接地阻抗为

$$Z = \frac{U_{GP}}{I} \tag{3-30}$$

式中　U_{GP}——接地极 G 对大地零电位 P 处的电压，V；

　　　I——流入接地装置的工频电流，A；

　　　Z——接地极 G 的接地电阻，Ω。

实际测量接线有直线布置和三角形布置两种。

1. 直线布置

直线布置如图 3-22 所示，电流极与接地网边缘之间的距离 d_{GC} 一般取接地网最大对角线长度 D 的 4~5 倍，以使其间的电位分布出现一平缓区段。一般情况下，电压极到接地网边缘的距离 d_{GC} 约为电流极到接地网边缘距离 d_{GC} 的

50%~60%。测量时，将电压极沿接地网和电流极的连线移动 3 次，每次移动距离约为 d_{GC} 的 5%，如若 3 次测得的电阻接近，则可以认为电压极位置选择合适。若 3 次测量值不接近，应查明原因（如电流极、电压极引线是否太短等）。

若 d_{GC} 取（4~5）D 有困难，则在土壤电阻率较为均匀的地区，可取 $d_{GC}=2D$，$d_{GP}=D$；在土壤电阻不均匀的地区，可取 $d_{GC}=3D$，$d_{GP}=1.7D$。

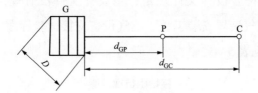

图 3-22　直线布置

2. 三角形布置

三角形布置如图 3-23 所示，电流极与接地网边缘之间的距离 d_{GC}、电压极到接地网边缘的距离 d_{GC} 相等，一般取 $d_{GC}=d_{GP}=4~5D$，夹角 $\theta \approx 30°$。测量时也应将电压极前后移动再测 2 次，共测 3 次。

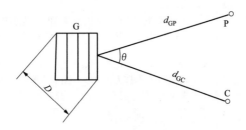

图 3-23　三角形布置

六、接地电阻测量的注意事项

（1）测量应选择在干燥季节和土壤未冻结时进行。

（2）采用直线布置测量时，电流线与电压线应尽可能分开，不应缠绕交错。

（3）在变电站进行现场测量时，由于引线较长，应多人进行，转移地点时，不得甩扔引线。

（4）测量时接地电阻表无指示，可能是电流线断；指示很大，可能是电压线断或接地体与接地线未连接；接地电阻表指示摆动严重，可能是电流线、电压线与电极或接地阻抗表端子接触不良，也可能是电极与土壤接触不良。

七、接地装置的技术要求

接地阻抗应符合设计文件规定，当设计文件没有规定时，应符合 GB 50150—2016《电气装置安装工程　电气设备交接试验标准》中的相关要求，接地阻抗规定值见表 3-4。

表 3-4　　　　　　　　　　　接地阻抗规定值

接地网类型	要　求
有效接地系统	当 $I > 4000A$ 时，$Z \leq 2000/I$ 或 $Z \leq 0.5\Omega$（I 为经接地装置流入地中的短路电流，Z 为考虑季节变化的最大接地阻抗） 当接地阻抗不符合以上要求时，可通过技术经济比较增大接地阻抗，但不得大于 5Ω，并应结合地面电位测量对接地装置综合分析和采取隔离措施
非有效接地系统	（1）当接地网与 1kV 及以下电压等级设备共用接地时，接地阻抗 $Z \leq 120/I$； （2）当接地网仅用于 1kV 以上设备时，接地阻抗 $Z \leq 250/I$； （3）上述两种情况下，接地阻抗一般不得大于 10Ω
1kV 及以下电力设备	使用同一接地装置的所有这类电力设备，当总容量不小于 100kVA 时，接地阻抗不宜大于 4Ω；当总容量小于 100kVA 时，则接地阻抗允许大于 4Ω，但不应大于 10Ω
独立微波站	接地阻抗不宜大于 5Ω
独立避雷针	接地阻抗不宜大于 10Ω 当与接地网连在一起时可不单独测量
发电厂烟囱附近的吸风机及该处装设的集中接地装置	接地阻抗不宜大于 10Ω 当与接地网连在一起时可不单独测量
独立的燃油、易爆气体储罐及其管道	接地阻抗不宜大于 30Ω，无独立避雷针保护的露天储罐接地阻抗不应超过 10Ω
露天配电装置的集中接地装置及独立避雷针（线）	接地阻抗不宜大于 10Ω

续表

接地网类型	要　求
有架空地线的 线路杆塔	（1）当杆塔高度在 40m 以下时，应符合下列规定： 1）土壤电阻率不大于 500Ω·m 时，接地阻抗不应大于 10Ω； 2）土壤电阻率为 500~1000Ω·m 时，接地阻抗不应大于 20Ω； 3）土壤电阻率为 1000~2000Ω·m 时，接地阻抗不应大于 25Ω； 4）土壤电阻率大于 2000Ω·m 时，接地阻抗不应大于 30Ω。 （2）当杆塔高度高于 40m 时，取上述值的 50%。但当土壤电阻率大于 2000Ω·m，接地阻抗难以满足不大于 15Ω 时，可不大于 20Ω
与架空线直接连接的旋转电 动机进线段上避雷器	不宜大于 3Ω
无架空地线的 线路杆塔	（1）对非有效接地系统的钢筋混凝土杆、金属杆，不宜大于 30Ω。 （2）对中性点不接地的低压电力网线路的钢筋混凝土杆、金属杆，不宜大于 50Ω。 （3）对低压进户线绝缘子铁脚，不宜大于 30Ω

第七节　局部放电测量

一、局部放电的基本概念

1. 局部放电的产生

（1）局部放电的定义。电气设备的绝缘结构可能存在着一些绝缘弱点，其在一定的外施电压作用下会首先发生放电，但并不随即对整个绝缘形成贯穿性的击穿，这种仅被局部发生的电气放电被称为局部放电。由 GB/T 7354—2018《高压试验技术 局部放电测量》可知，局部放电可以在导体附近发生也可以不在导体附近发生。

局部放电表现为绝缘内气体的击穿、小范围内固体或液体介质的局部击穿或金属表面的边缘及尖角部位场强集中引起局部击穿放电等。这种放电的能量很小，所以它的短时存在并不影响电气设备的绝缘强度。但若电气设备绝缘在运行电压下不断出现局部放电，这些微弱的放电将产生累积效应，会使绝缘的介电性能逐渐劣化并使局部缺陷扩大，最后导致整个绝缘击穿。

局部放电是一种复杂的物理过程，除了伴随着电荷的转移和电能的损耗之外，还会产生电磁辐射、超声波、光、热以及新的生成物等。从电性方面分析，产生放电时，在放电处有电荷交换、电磁波辐射、能量损耗，最明显的是试品施加电压的两端有微弱的脉冲电压出现。如果绝缘中存在气泡，当工频高压施加于绝缘体的两端时，若气泡上承受的电压没有达到气泡的击穿电压，则气泡上的电压就随外加电压的变化而变化；若外加电压足够高，即上升到气泡的击穿电压时，气泡发生放电。放电过程使大量中性气体分子电离变成正离子、电子、负离子，从而形成了大量的空间电荷，这些空间电荷在外加电场作用下迁移到气泡壁上，形成了与外加电场方向相反的内部电压，这时气泡上剩余电压应是两者叠加的结果，当气泡上的实际电压小于气泡的击穿电压时，于是气泡的放电暂停，气泡上的电压又随外加电压的上升而上升，直到重新到达其击穿电压时，又出现第二次放电，如此出现多次放电。当试品中的气隙放电时，相当于试品失去电荷 q，并使其端电压突然下降 ΔU，这个一般只有微伏级的脉冲电压叠加在千伏级的外施电压上。局部放电测试设备的工作原理就是将这种电压脉冲检测出来，其中电荷 q 称为视在放电量。

（2）局部放电过程。以绝缘介质内部含有一个气隙时的放电情况为例来分析交流电场下的局部放电过程。含有单气隙的绝缘介质如图 3-24 所示，其中图 3-24（a）中 c 代表气隙，b 是与气隙串联部分的介质，a 是除了 b 之外其他部分的介质。

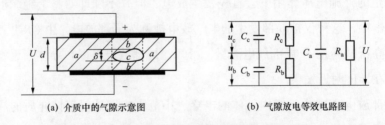

(a) 介质中的气隙示意图　　　　(b) 气隙放电等效电路图

图 3-24　含有单气隙的绝缘介质

δ—气隙厚度；d—整个介质的厚度；R_c、C_c—气泡的电阻和电容；R_b、C_b—与气泡串联部分介质的电阻和电容；R_a、C_a—其余部分介质的电阻和电容；

假定在介质中的气隙是扁平状且与电场方向互相垂直，则按电流连续性原理可得：

$$\dot{U}_c \dot{Y}_c = \dot{U}_b \dot{Y}_b \qquad (3-31)$$

式中　$\dot{U}_c$、$\dot{U}_b$——气隙和介质上的电压，V；

　　　$\dot{Y}_c$、$\dot{Y}_b$——气隙和介质的等效电导，S。

工频电场中若 γ_c 和 γ_b 均小于 10^{-11}（$\Omega \cdot m$）$^{-1}$，则气隙和 b 部分绝缘上的电压关系可简化为

$$\frac{u_c}{u_b} = \left| \frac{\dot{U}_c}{\dot{U}_b} \right| = \sqrt{\frac{\gamma_b^2 + (\omega C_b)^2}{\gamma_c^2 + (\omega C_c)^2}} = \frac{\omega C_b}{\omega C_c} = \frac{\varepsilon_b \delta}{\varepsilon_c (d-\delta)} \qquad (3-32)$$

式中　ε_c、ε_b——气隙和绝缘介质的相对介电常数。

气隙和介质中的电场强度 E_c、E_b 的关系为

$$\frac{E_c}{E_b} = \frac{u_c/\delta}{u_b/(d-\delta)} = \frac{\varepsilon_b}{\varepsilon_c} \qquad (3-33)$$

1）气隙放电。在工频电场中气隙中的电场强度与介质中电场强度之比为 $\varepsilon_b/\varepsilon_c$。通常情况下 $\varepsilon_c = 1$、$\varepsilon_b > 1$，则 $\varepsilon_b/\varepsilon_c > 1$，即气隙中的场强要比介质中的高，而另一方面气体的击穿场强一般都比介质的击穿场强低。因此，在外加电压足够高时，气隙首先被击穿，而周围的介质仍然保持其绝缘特性，电极之间并没有形成贯穿性的通道。

2）油隙放电。由于液体和固体的组合绝缘结构（如油纸电缆、油纸电容器、油纸套管等）在制造中采取了真空干燥浸渍等工艺，这些工艺可以使绝缘体中基本上不含有气隙，但却不可避免地存在着充满绝缘油的间隙，这些油的介电常数通常也比固体介质的介电常数小，而击穿场强又比固体介质低。因此，在油隙中也会发生局部放电，不过与气隙相比，要在高得多的

电场强度下才会发生。

3）在介质中电场分布极不均匀的情况下，即使在介质中不含有气隙或油隙，只要介质中的电场分布是极不均匀的就可能发生局部放电。例如埋在介质中的针尖电极或电极表面上的毛刺、其他金属屑等异物附近的电场强度要比介质中其他部位的电场强度高得多，当此处局部电场强度达到介质本征击穿场强时，则介质局部击穿而发生局部放电现象。

（3）气隙放电过程分析。气隙放电过程示意图如图 3-25 所示。

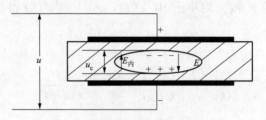

(a) 绝缘介质内气隙放电空间电荷分布

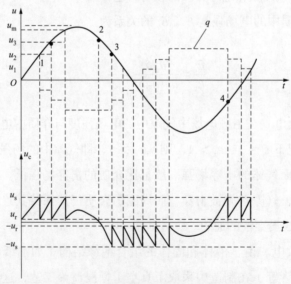

(b) 外部电压u、空间电荷q、气隙电压u_c的时间变化曲线

图 3-25　气隙放电过程示意图

气隙发生放电时，在外加电场作用下正离子沿电场方向移动，电子（或负离子）沿相反方向移动，这些空间电荷建立了与外施电场方向相反的电场 [如图 3-25（a）所示]，此时气隙内的实际场强为

$$E_c = E_2 - E_1 \qquad (3-34)$$

式中 E_1、E_2——分别为气隙中的电场强度与介质中的电场强度。

即气隙上的电场强度下降了 E_1，或者说气隙上的电压降低了 ΔU_c，于是气隙中的实际场强低于气隙击穿场强 E_{CB}，气隙中放电暂停。

对照图 3-25（b）分析放电过程，外施电压是正弦交流电压，当电压瞬时值上升使得气隙上的电压 u_c 达到气隙的击穿电压 U_{CB} 时，气隙发生放电。由于放电的时间极短，可以看作气隙上的电压由于放电而在瞬间下降了 Δu_c，于是气隙上的实际电压低于气隙的击穿电压，放电暂停 [对应图 3-25（b）中的点 1]。

此后气隙上的电压随外加电压瞬时值的上升而上升，直到气隙上的电压又回升到气隙的击穿电压 U_{CB} 时，气隙又发生放电，在此瞬间气隙上的电压又下降 Δu_c，于是放电又暂停。假定气隙表面电阻很高，前一次放电产生的空间电荷没有泄漏，则这时气隙中放电电荷建立的反向电压为 $-2\Delta u_c$。依此类推如果在外加电压的瞬时值达到峰值之前发生了 n 次放电，每次放电产生的电荷都是相等的，则在气隙中放电电荷建立的电压为 $-n\Delta u_c$。在外加电压过峰值后，气隙上的外加电压分量 u_2 逐渐减小，当 $u_2 = n\Delta u_c$ 时，气隙上的实际电压为零 [对应图 3-25（b）中的点 2]。

外施电压的瞬时值继续下降，当 $u_2 - n\Delta u_c = U_{CB}$ 时，即气隙上的实际电压达到击穿电压时，气隙又发生放电，不过放电电荷移动的方向取决于此前放电电荷所建立的电场 E_1，于是减少了原来放电所积累的电荷，使气隙上的实际电压为 $u_2 - n\Delta u_c < U_{CB}$ 时，放电暂停 [对应图 2-25（b）中的点 3]。

此后随外施电压继续下降到负半周，当重新达到 $-u_2 - (n-1)\Delta u_c = U_{CB}$ 时，气隙又发生放电，放电后气隙上的电压为 $-u_2 - (n-2)\Delta u_c < U_{CB}$，放电又停止。

以此类推，直到外加电压达到负峰值时，气隙中放电电荷建立的电压为 $n\Delta u_c$。

外施电压到达负峰值之后开始回升，随着电压升高，在一段时间内保持 $u_2+n\Delta u_c < U_{CB}$，不会出现放电现象，直到 $u_2+n\Delta u_c = U_{CB}$ 时气隙又发生放电，放电后气隙上的电压为 $u_2+(n-1)\Delta u_c < U_{CB}$，于是放电又暂停［对应图 3-7-2（b）中的点 4］。此后随着外加电压升高，放电又继续出现。

由此可见，在正弦交流电压下，局部放电是出现在外加电压的一定相位上，当外加电压足够高时在一个周期内可能出现多次放电，每次放电有一定的间隔时间。

2. 局部放电的表征参数

表征局部放电最通用的参数是视在电荷（q）。局部放电的视在电荷等于在规定的试验回路中，在非常短的时间内在试品两端注入的使测量仪器上所得的读数与局部放电电流脉冲相同的电荷。视在电荷的单位通常用皮库（pC）。

通常视在放电量（视在电荷）与试品实际的放电量并不相等，实际局部放电量无法直接测得，而视在电荷是可以测量的。试品放电引起的电流脉冲在测量阻抗端子上所产生的电压波形可能不同于注入脉冲引起的波形，但通常可以认为这两个量在测量仪器上读到的响应值相等。

通常由于气隙较小，气隙电容 C_c 一般均大于与其串联部分的电容 C_b，因此实际局部放电电荷总是大于视在电荷。但是由于视在电荷可以直接测得，用它来表征局部放电仍是各国及 IEC 标准推荐的方法。

脉冲重复率是表征局部放电的又一参数，其是在选定的时间间隔内所记录到的局部放电脉冲的总数与该时间间隔的比值。在实际测量中，一般只考虑超过某一规定幅值或在规定幅值范围内的脉冲。

平均放电电流 I 和放电功率也是表征局部放电的参数。在选定的参考时间间隔 T_{ref} 内的单个视在电荷 q_i 的绝对值的总和除以该时间间隔即为平均放电电流。

气隙产生局部放电时，气隙中的气体分子被游离而形成正负带电质点，在一次放电中这些质点所带的正或负电荷总和称为实际放电量 q_r。

根据图 3-24（b）所示的等效电路可以推算出，C_c 上的电荷改变了 q_r，则 C_c 上的电压变化 Δu_c 为

$$\Delta u_c = \frac{q_r}{C_c + C_a C_b/(C_a + C_b)} \qquad (3-35)$$

通常气隙总是很小的，且 $C_a \gg C_b$，因此式（3-35）可写作

$$\Delta u_c = \frac{q_r}{C_c + C_b} \qquad (3-36)$$

由于气隙经常处于介质内部，因而无法直接测得 q_r 或 ΔU_c。但根据图 3-24（b）所示的等效电路当 C_c 上有电荷变化时，必然会反映到 C_a 上电荷和电压的变化，即试样两端出现电荷和电压的变化，因此可以根据这种变化来表征局部放电。通常有以下表征局部放电的参数。

（1）视在放电电荷。视在放电电荷是指产生局部放电时，一次放电在试样两端出现的瞬变电荷。

根据图 3-24（b）所示的等效电路，当气隙放电而造成 C_c 上电压下降 Δu_c 时，各电容上的电荷重新分配，因此 C_a 上的电压也下降了 Δu_a，计算公式如下：

$$\Delta u_a = \Delta u_c \frac{C_b}{C_b + C_a} \approx \Delta u_c \frac{C_b}{C_a} \qquad (3-37)$$

C_a 上的电荷变化为

$$q_a = \Delta u_a [C_a + C_c C_b/(C_c + C_b)] \approx \Delta u_a C_a \qquad (3-38)$$

将式（3-37）代入式（3-38）可得

$$q_a = C_b \Delta u_c \qquad (3-39)$$

将式（3-36）代入式（3-39）可得

$$q_a = q_r \frac{C_b}{C_c + C_b} \qquad (3-40)$$

式中　q_a——视在放电电荷。

（2）放电重复率。放电重复率是指单位时间内局部放电的平均脉冲个数，通常以每秒放电次数来表示。从图 3-25 可以看出，假定气隙中每次放电后残留的电压 u_r 可以忽略，则在外施电压 1/4 周期内放电的次数 n 约为

$$n = \frac{u_{cm}}{U_{CB}} = \frac{u_m}{U_{CB}} \cdot \frac{C_b}{C_b + C_c} \qquad (3-41)$$

式中　u_{cm}——气隙中不放电时电压的峰值；

U_{CB}——气隙击穿电压；

u_m——外施电压峰值。

如果外施电压的频率为 f，则 1s 内放电次数 N 为

$$N = 4fn = 4f \frac{u_m}{U_{CB}} \cdot \frac{C_b}{C_b + C_c} \qquad (3-42)$$

气隙中的放电次数与反映到试样两端电压脉冲的次数是完全相等的。但要注意的是实际测量中脉冲计数器需要大于一定电平的信号才能触发计数，因此，测得的放电次数只是放电量大于一定值或在一定范围的放电次数。

（3）放电的能量。放电能量是指在一次放电中所消耗的能量，单位用焦耳（J）。假定在气隙中发生放电时，气隙上的电压从 U_{CB} 下降到零，即 $\Delta u_c = U_{CB}$，则在这一次放电中消耗的能量 ΔW 为

$$\Delta W = \frac{1}{2} q_r \Delta u_c = \frac{1}{2} [C_c + C_a C_b/(C_a + C_b)] \Delta u_c^2 \approx \frac{1}{2} (C_c + C_b) \Delta u_c^2 \qquad (3-43)$$

设当气隙上的电压达到 U_{CB} 时，施加在试样两端的电压峰值为 u_{im}（即起始放电电压的峰值），则有

$$\Delta u_c = U_{CB} = u_{im} \frac{C_b}{C_c + C_b} \qquad (3-44)$$

将式（3-44）代入式（3-43）得

$$\Delta W = \frac{1}{2} u_{im} C_b \Delta u_c = \frac{1}{2} u_{im} q_a \qquad (3-45)$$

式（3-45）表明放电能量为视在放电电荷与起始放电电压（峰值）乘积的一半，同时也是实际放电电荷和气隙的击穿电压乘积的一半。

（4）放电的平均电流。平均电流 I 是指在一定时间间隔 T 内视在放电电荷绝对值的总和除以时间间隔 T（单位：s），平均电流的单位为 A。

$$I = \frac{1}{T} [q_{a1} + q_{a2} + \cdots + q_{am}] \qquad (3-46)$$

（5）放电的均方率。均方率由一定时间间隔 T 内视在放电电荷的平方之和除以时间间隔 T 求得。

$$D = \frac{1}{T} [q_{a1}^2 + q_{a2}^2 + \cdots + q_{am}^2] \qquad (3-47)$$

式中 D——均方率，C^2/s；

   q_a——放电电荷，C；

   T——时间间隔，s。

（6）放电功率。放电功率是指局部放电时，从试样两端输入的功率，也就是在一定时间内视在放电电荷与相应的试样两端电压的瞬时值的乘积除以时间间隔 T。即

$$P=\frac{1}{T}[q_{a1}u_1+q_{a2}u_2+\cdots+q_{am}u_m] \qquad (3-48)$$

式中　P——放电功率，W；

　　　q_a——放电电荷，C；

　　　T——时间间隔，s。

（7）局部放电起始电压 U_i。局部放电起始电压是指试样产生局部放电时，在试样两端施加的电压，交流电压用有效值表示。

在实际测量中，施加电压必须从低于起始放电的电压开始，按一定速度上升。同时，为了将灵敏度不同的测试装置上所测的起始电压进行比较，一般是将视在放电电荷超过某一规定值时的最小电压作为起始放电电压。

（8）放电熄灭电压 U_e。放电熄灭电压是指试样中局部放电消失时试样两端的电压，交流电压以有效值来表示。在实际测量中电压应从稍高于起始放电电压开始下降。为了将不同灵敏度的测试装置上测得的放电熄灭电压进行比较，一般是将视在放电电荷低于某一规定值时的最高电压作为放电熄灭电压。

上述 8 个表征局部放电的参数中，视在放电电荷、放电重复率和放电能量是基本的表征参数。平均电流、均方率和放电功率用于表征放电量和放电次数的综合效应，并且表征的是在一定时间内局部放电累积的平均效应。局部放电起始电压和熄灭电压则是以施加在试样两端的电压特征值来表示局部放电起始和熄灭的。

3. 局部放电的分类

局部放电可能出现在固体绝缘的空穴中、液体绝缘的气泡中、不同介电特性的绝缘层间或金属表面的边缘尖角部位。所以按照放电类型来分，局部放电大致可分为绝缘材料内部放电、表面放电及电晕放电。

（1）内部放电。在电气设备的绝缘系统中，各部位的电场强度往往是不相等的，当局部区域的电场强度达到电介质的击穿场强时，该区域就会出现放电，但这种放电并没有贯穿施加电压的两导体之间，即整个绝缘系统并没有击穿，仍然保持绝缘性能，发生在绝缘体内的这种放电现象称为内部放电。

当绝缘介质内出现局部放电后，外施电压在低于起始电压的情况下，放电也能继续维持。该电压在理论上可比起始电压低一半，也即绝缘介质两端的电压仅为起始电压的一半，这个维持到放电消失时的电压称之为局放熄灭电压。而实际情况与理论分析有差别，在固体绝缘中，熄灭电压比起始电压约低 5% ~20%；在油浸纸绝缘中，由于局部放电引起气泡迅速形成，所以熄灭电压低得多。这也说明在某种情况下电气设备存在局部缺陷而正常运行时，局部放电量较小，也就是运行电压尚不足以激发大放电量的放电。但当其系统有一过电压干扰时，则触发幅值大的局部放电，在过电压消失后如果放电继续维持．则会导致绝缘加速劣化及损坏。

（2）表面放电。如在电场中介质有一平行于表面的场强分量，当这个分量达到击穿场强时，则可能出现表面放电。表面放电可能出现在套管法兰处、电缆终端部，也可能出现在导体和介质弯角表面处。介质表面出现的局部放电如图 3-26 所示，在 r 点的电场有一平行于介质表面的分量，当电场足够强时则产生表面放电。

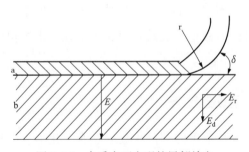

图 3-26　介质表面出现的局部放电

表面放电的波形与电极的形状有关，如电极为不对称时正负半周的局部放电幅值是不等的，表面放电波形如图 3-27 所示。当产生表面放电的电极处于高电位时，在负半周出现的放电脉冲较大、较稀；正半周出现的放电脉冲较密，但幅值小。此时若将高压端与低压端对调，则放电波形相反。

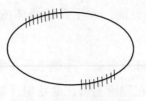

图 3-27　表面放电波形

（3）电晕放电。电晕放电是在电场极不均匀的情况下，导体表面附近的电场强度达到气体的击穿场强时所发生的放电。在高压电极边缘，尖端周围可能由于电场集中造成电晕放电。电晕放电在负极性时较易发生，也即在交流时它们可能仅出现在负半周。

电晕放电是一种自持放电形式，发生电晕时，电极附近会出现大量空间电荷，在电极附近形成流注放电。现以棒电极为例来解释电晕放电现象，在负电晕情况下，如果正离子出现在棒电极附近，则正离子受电场吸引并向负极运动，离子冲击电极并释放出大量的电子，在尖端附近形成正离子云。负电子则向正极运动，然后向离子区域扩展，因此棒极附近出现比较集中的正空间电荷，而相对远离电场的负空间电荷较分散，正空间电荷使电场发生畸变。因此电晕放电在负极性时较易形成。

在交流电压下，当高压电极存在尖端，电场强度集中时，电晕一般出现在负半周，或当接地电极也有尖端点时，则出现负半周幅值较大、正半周幅值较小的放电。

二、局部放电测量方法

绝缘介质产生局部放电时伴随出现声、光、化学、电磁辐射等多种物理现象，并且若在油中放电还将会分解出气体，产生能量损耗，引起局部过热。因此，根据监测的物理量不同，可将局部放电测量方法分为电测法和非电测法两类。

1. 电测法

局部放电的电信号频谱非常宽，约从数百赫兹到数百兆赫。因此，电测法可以直接测试局部放电所辐射的多个频带的信号。此外，由于局部放电的损耗使介质损耗值增加，利用这一特点也可进行局部放电测量。

（1）脉冲电流法。脉冲电流法是局部放电测量中应用最为广泛的一种方法，它是利用局部放电在测量回路中引起电荷转移产生高频脉冲电流，脉冲电流在检测阻抗上形成脉冲电压并能够被仪器测量的原理进行测量的。

（2）无线电干扰法。无线电干扰法（radio interference voltage，RIV）的基本测试原理与脉冲电流法没有本质上的差异，它是采用无线电干扰仪进行局部放电测量，操作比较简单。无线电干扰仪本质上是一种窄频带调谐选频式仪器（频带从 1.25~9.35kHz，中心频带通常取 1MHz）。该测试方法对气体中放电具有较高的灵敏度，而对持续时间长的油中放电，检测灵敏度显著下降。

（3）介质损耗法。早期曾利用高压西林电桥或电感比例臂电桥测量介质损耗角正切增量（$\Delta\tan\delta$）的办法来检查局部放电，则局部放电消耗的功率为

$$P = U^2 \omega C_x \Delta\tan\delta \qquad (3-49)$$

式中　U——电压，V；

$\qquad \omega$——角频率，rad/s；

$\qquad C_x$——电容量，F；

$\qquad \tan\delta$——介质损耗正切值。

由于以上电桥测量的灵敏度太低，后来发展了一种专门用于测量每个频率中的放电电荷及消耗功率的电容电桥，其显示器上扫描得到的平行四边形面积对应于一个频率的放电能量；其垂直偏移则对应二周波放电量总和。电桥测量虽灵敏度不高，但因其可直接测量局部放电能量，且对脉冲电流法难以响应的辉光放电（非脉冲型放电）或亚辉光放电（上升沿极长），电桥法不受限制，故它在放电量很大的电机的局部放电试验研究中得到应用。

2. 非电测量法

局部放电的过程除了伴随着电荷的转移和能量的损耗外，同时也产生声波、光、热以及新的生成物等非电信息。通过测量这些非电信息来检测局部放电的方法属于非电测量法。

（1）声测法。最早采用人耳判断局部放电产生的声音，该方法曾长期用于电缆和套管的局部放电检测，但此方法只有在放电很大时才能被觉察出来，带有很强的主观性。

随着声电换能技术的提高，已能通过声电换能器测量伴随局部放电产生的超声波。

（2）光测法。放电过程由于会放出光子而伴随发光现象，不同性质的放电发出的光波长不同，如较弱小的电晕放电所发出的光波长不超过 400nm（主要在紫外光区），而较强的火花放电发出的光波长可超过 700nm（主要在可见光区）。对透明的绝缘介质（如聚乙烯电缆），内部发生的局部放电可以采用光电子技术测量伴随局部放电产生光的强度，但通常灵敏度较差，此方法用于检测暴露在外面的表面放电和电晕放电较为适宜。

（3）温度测量法。局部放电产生的热会使电气设备绝缘局部放电区域的温度升高，因此可以通过测量温度变化能够确定局部放电的程度和位置。可以采用特殊的温度传感器，也可以采用红外摄像仪进行测量，其中红外摄像仪可以检测出微弱的温差。由于造成温差的原因很多，温度测量法的可靠性较差。但已有研究表明采用光纤温度传感器对聚乙烯电缆的温度进行测量的方法已得到应用。

（4）化学分析法。绝缘材料在局部放电作用下会发生分解，产生各种新的生成物，因此，可以通过测定这些生成物的组成和浓度，来表征局部放电的程度。如在封闭空间内，有表面空间放电时，可以通过测定其中的臭氧含量来判断局部放电程度；在 SF_6 气体绝缘中，可以通过测定氟离子的含量来判断局部放电程度；应用最广泛的是在矿物油绝缘设备中，萃取油中分解出的微量碳氢类气体，用色谱分析法确定其组成和浓度，以判断局部放电的状态。

总的来讲，电测法的灵敏度比非电测法的灵敏度高。在电测法中，脉冲电流法得到的应用最广；在非电测法中，声波法多用于局部放电定位，为脉冲电流法的辅助方法。

三、局部放电测量技术的实际应用

高电压设备的绝缘在长期工作电压的作用下会产生局部放电，若局部放电不断发展，就会造成绝缘的老化和破坏，降低绝缘的使用寿命，从而影响电气设备的安全运行。为了高电压设备的安全运行，必须对绝缘中的局部放电进行测量，并保证其在允许的范围内。由于不同高压设备，其内部绝缘结构和绝缘介质各不相同，局部放电的产生机理和特征也不一样，因此针对不同的高压设备，采用合适的局部放电检测方法尤为重要。下面介绍一些常见的高压设备现场局部放电测量试验。

1. 变压器的局部放电测量

电力变压器局部放电测量一般采用脉冲电流法（ERA），将局部放电试验和耐压试验结合到一起进行，根据设备最高电压 U_m 的不同，分别规定进行长时耐压试验（ACLD）和短时耐压试验（ACSD）。变压器局部放电测量的加压方式分为直接加压和感应加压两种，试验电压一般要高于试品的额定电压，并且为了避免铁芯的磁密饱和，试验电源频率一般采用 100~250Hz。

选择变压器局部放电测试回路的很重要的一个原则是尽可能减少和缩短外部高压引线，以避免电晕产生和防止外部干扰串入，同时也要考虑在试验中主、纵绝缘能得到应施加的电压。因此，一般采用感应加压的方式和从高压套管末屏引出信号进行测量。

（1）单相变压器局部放电测试回路。单相变压器局部放电测试回路如图 3-28 所示，其中（a）、（b）为直接加压测试回路，这种测试回路多用在变压器线圈首、末两端绝缘水平相同的小变压器上，它只能检查主绝缘，不能检查纵绝缘；（c）、（d）为感应加压测试回路，这种测试回路对主、纵绝缘都进行检查，（d）是经常被采用的一种测试回路。

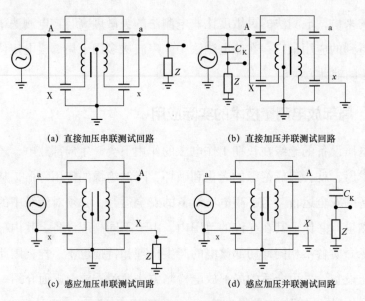

(a) 直接加压串联测试回路   (b) 直接加压并联测试回路

(c) 感应加压串联测试回路   (d) 感应加压并联测试回路

图 3-28 单相变压器局部放电测试回路

（2）三相变压器局部放电测试回路。对于三相变压器，尤其是对于大型变压器多采用感应加压方式进行局部放电试验，并采用单相励磁的方法对 A、B、C 三相逐相进行测量，因此共需试验三次。我国生产的变压器的三相联结组多为 YNd11，三相变压器局部放电测试回路如图 3-29 所示。

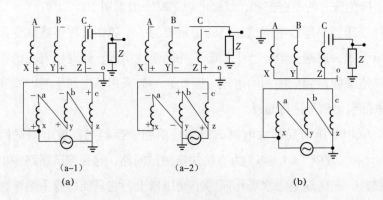

(a-1)   (a-2)   (b)

(a)   (b)

图 3-29 三相变压器局部放电测试回路（一）

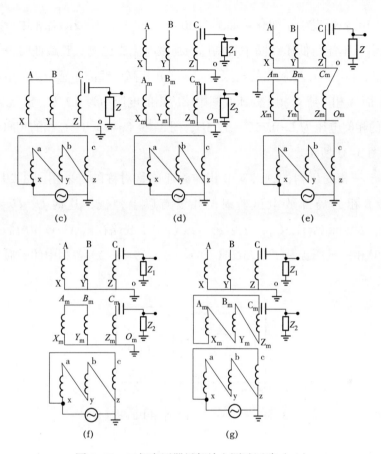

图 3-29　三相变压器局部放电测试回路（二）

　　图 3-29（a）的线路比较简单，能同时检查主、纵绝缘，是一种标准的测试回路。这种测试回路对于三铁芯柱的变压器，有一个值得注意的问题是三相变压器的铁芯不对称。由于三相变压器的铁芯对 A、C 相不对称，如图 3-29（a-1）所示在对 C（或 A 相）从低压线圈感应加压时，由于 a、b 相串联阻抗是 c 相阻抗的 2 倍，所以 c 相中的电流是 a、b 相中所流过电流的 2 倍，高压侧 C 相感应出的电压本应也是 A、B 相感应出的电压的 2 倍（A、B 相电压相等）且极性相反，即 C 相电压若为 U 则 A、B 电压为 $U/2$，图 3-29（a-1）各相中的磁通分布如图 3-29（a-1）所示。但由于铁芯对 C 相（或 A 相）不对称，

使各相中的磁通发生了变化（如图 3–30 所示），在高压线圈各相中所感应出的电压也就不能与低压线圈中所流过的励磁电流成比例。实践证明，若 C 相（或 A 相）高压线中感应出的电压为 U，则 B 相高压线圈中感应出的电压约为 $0.75U$，而 A 相（或 C 相）高压线圈中感应出的电压约为 $0.25U$，B、C 相（或 A 相）的相间电压为 $U+0.75U = 1.75U$，图 3–29（a–1）B、C 相的相间电压矢量图如图 3–31 所示。

由于三相变压器的铁芯对 B 相的磁通路是对称的，采用图 3–29（a–2）线路做 B 相的局部放电试验时，并没有以上情况，这时 $U_A=U_C=0.5U_B$，$U_{AB}=U_{BC}=U_B+0.5U_B=1.5U_B$。可见图 3–29（a–1）线路在做 A、C 相局部放电试验时，其相间电压提高了 $0.25U_A$（U_C）。图 3–29（a–2）各相中的磁通分布如图 3–32 所示。

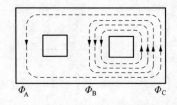

图 3–30　图 3–29（a–1）各相中的磁通分布

图 3–31　图 3–29（a–1）B、C 相的相间电压矢量图

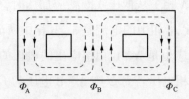

图 3–32　图 3–29（a–2）各相中的磁通分布

图 3-29（b）是 O 点支撑线路，将高压线圈 A、B 相短路接地，形成一个短路平衡线圈，使 A、B 相磁通相等，图 3-29（b）各相中的磁通分布如图 3-33 所示。如果 $U_C=U$，则 $U_A=U_B=0.5U$，且 $U_{BC}=1.5U$，因此当主绝缘可以达到试验电压时，纵绝缘之间的电压却减少 1/3。但它可使用工频电源电压试验，在现场没有高频电源的情况下，是经常使用的一种线路。需要注意，A、B 相的短路线要适当加粗。

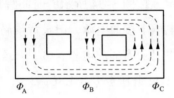

图 3-33　图 3-29（b）各相中的磁通分布

图 3-29（c）线路是为了测 C 相（或 A 相）时将高压线圈 A、B 相（或 B、C 相）短路而形成一个平衡线圈，这时 B 相对地电位 U_B 为 C 相对地电位 U_C 的 1/2，则 B、C 相的相间电压为 1.5U。由于高压线圈 O 点接地，则被测相 C 相（或 A 相）的对地电位达到 1.5U 时，纵绝缘之间的电压也同样达到 1.5 倍电压。这个线路也就能同时检查主绝缘和纵绝缘，该线路同时也是一个最理想的试验线路。同样应注意，A、B 相（或 B、C 相）的短路线要适当加粗。

图 3-29（d）为三线圈变压器局部放电测试线路，其原理与图 3-29（a-1）双线圈变压器试验线路相似。在测 C 相时，B、C 间的电压为 1.75U。

图 3-29（e）线路是利用中压线圈支撑高压线圈，作用与 3-29（a-1）作用相似。

图 3-29（f）线路在测 C 相时，将中压线圈 A_m、B_m 相短路形成平衡线圈，它的作用与图 3-29（c）相似，这样是因为中压线圈电压较高压线圈低，短路线的处理较为容易。这个线路是高压三相三圈变压器正常使用的线路。

图 3-29（g）是线路联结组为 YNd11 的三相变压器的一种测试回路，它的作用与 3-29（a-1）相似，该线路同时也是这种联结组三相三圈变压器正常

使用的线路。

（3）试验程序和允许放电水平。变压器局部放电试验，一般放在感应耐压和冲击耐压后进行，其目的之一是检查在各种全试验电压下所产生的局部放电对绝缘是否有所损伤。但通常也会有局部放电试验在耐压试验之前进行，因此一旦发现超过规定值的放电量，需对变压器进行重新处理。

根据 GB 1094.3—2017《电力变压器　第 3 部分　绝缘水平、绝缘试验和外绝缘空气间隙》规定，按图 3-34 所示的时间程序加压。试验程序如下：①在不大于 $0.4U_r/\sqrt{3}$ 的电压下接通电源，记录背景局部放电量；②升压至 U_3（$1.2U_r/\sqrt{3}$），持续 1min 并记录局部放电量；③升压至 U_2（$1.58U_r/\sqrt{3}$），保持 5min，并记录局部放电量；④升压至 U_1（$1.8U_r/\sqrt{3}$），保持 t_s（试验频率不大于 100Hz 时，$t=60$；试验频率大于 100 Hz 时，$t=120×$ 额定频率 / 试验频率，但不少于 15）；⑤降压至 U_2，保持 60min，并记录局部放电量；⑥再降压至 U_3，持续 1min 并记录局部放电量；⑦最后降压至 $0.4U_r/\sqrt{3}$ 以下时，方可断开电源。

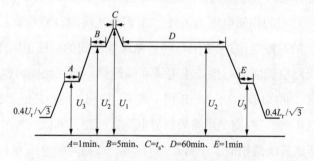

$A=1min$，$B=5min$，$C=t_s$，$D=60min$，$E=1min$

图 3-34　施加电压的时间程序

在试验中需要注意的是：①在整个试验时间内连续观测，个别较高的脉冲可以忽略；②外围噪声水平应低于规定的视在放电量 Q 限值的 50%；③在电压升至 U_2 及 U_2 由再降低的过程中，应记录可能的起始放电电压和终止放电电压；④在施加 U_1 的短时间内不必观测；⑤在电压 U_2 第二阶段的整段时间内，应连续地观察和记录局部放电水平。

如果满足下列要求，则试验结果合格：①试验电压不发生突然下降；

②在 1h 局部放电试验期间，没有超过 250pC 的局部放电记录；③在 1h 时局部放电试验期间，局部放电水平无上升的趋势；在最后 20min 局部放电水平无突然持续性增加；④在 1h 局部放电试验期间，局部放电水平的增加量不超过 50pC；⑤在 1h 局部放电试验后电压降至 $1.2U_r/\sqrt{3}$ 时测量的局部放电水平不超过 100pC。

若③或④不满足，则可以延长 1h 周期测量时间，如果在后续的连续 1h 周期内满足了上述条件，则可认为试验合格。

2. 高压组合电器 GIS 的局部放电测量

气体绝缘组合电器设备（Gas Insulated Switchgear, GIS）中局部放电产生的原因有：①绝缘体内部存在自由移动的金属微粒；②绝缘体内或高压导体上存在针尖状突出物；③由于制造原因在绝缘表面上可能存在固定的微粒；④附近存在悬浮电位体或导体间连接点接触不好；⑤轻微局部放电或制造时造成绝缘体内部或表面存在气隙、裂纹等。

GIS 常见绝缘缺陷示意图如图 3-35 所示。

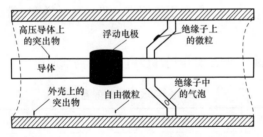

图 3-35　GIS 常见绝缘缺陷示意图

（1）超高频检测法。

1）工作原理。GIS 内部电场的畸变往往伴随着局部放电现象，产生脉冲电流，由于电流脉冲上升时间及持续时间仅为纳秒（ns）级，因此该电流脉冲将激发出高频电磁波，高频电磁波的主要频段为 0.3~3GHz，该电磁波可以从 GIS 上的盘式绝缘子处泄露出来，从而利用超高频传感器（频段为 0.3~3GHz）测量绝缘缝隙处的电磁波，然后根据接收的信号强度来分析局部放电的严重程度。超高频检测法示意图如图 3-36 所示。

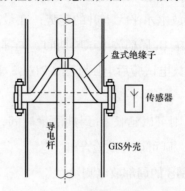

图 3-36　超高频检测法示意图

2）优点。可以带电测量，测量方法不改变设备的运行方式，并且可以实现在线连续监测。可有效地抑制背景噪声，如空气电晕等产生的电磁干扰频率一般均较低，超高频方法可对其进行有效抑制。抗干扰能力强。

3）缺点。仅仅能知道发生了故障，但不能对发生故障的点进行准确的定位。而且没有相应的国际及国家标准规定，不能给出一个放电量大小的结果。

4）应用难点。主要问题在于如何进一步提高灵敏度，解决各种干扰问题，实现准确定位。

5）使用超高频检测法测量局部放电，GIS 局部放电的典型图谱见表 3-5。

表 3-5　　　　　　　　　GIS 局部放电的典型图谱

类型	放电模式	典型放电波形	典型放电谱图
自由金属颗粒放电	金属颗粒和金属颗粒间的局部放电，金属颗粒和金属部件间的局部放电		
放电幅值分布较广，放电时间间隔不稳定，其极性效应不明显，在整个工频周期相位均有放电信号分布			

续表

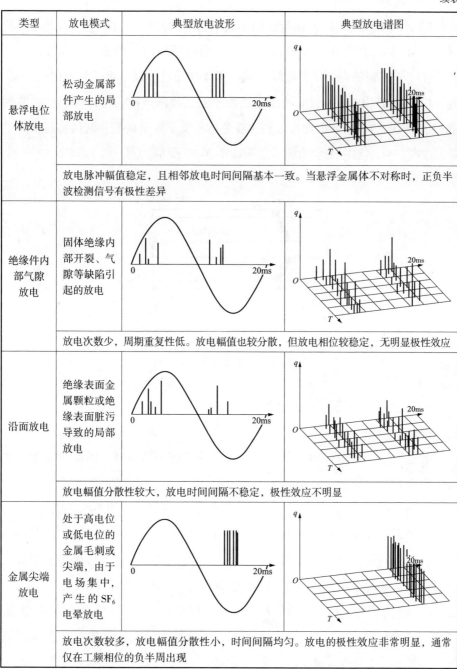

类型	放电模式	典型放电波形	典型放电谱图
悬浮电位体放电	松动金属部件产生的局部放电		
	放电脉冲幅值稳定，且相邻放电时间间隔基本一致。当悬浮金属体不对称时，正负半波检测信号有极性差异		
绝缘件内部气隙放电	固体绝缘内部开裂、气隙等缺陷引起的放电		
	放电次数少，周期重复性低。放电幅值也较分散，但放电相位较稳定，无明显极性效应		
沿面放电	绝缘表面金属颗粒或绝缘表面脏污导致的局部放电		
	放电幅值分散性较大，放电时间间隔不稳定，极性效应不明显		
金属尖端放电	处于高电位或低电位的金属毛刺或尖端，由于电场集中，产生的 SF_6 电晕放电		
	放电次数较多，放电幅值分散性小，时间间隔均匀。放电的极性效应非常明显，通常仅在工频相位的负半周出现		

（2）超声波检测法。

1）工作原理。GIS内部产生局部放电信号的时候，会产生冲击的振动及声音，GIS局部放电会产生声波，声波类型包括纵波、横波和表面波。纵波可通过气体传到外壳，横波则需要通过固体介质（比如绝缘子等）传到外壳。通过检测贴在GIS外壳表面的压电式传感器接收的声波信号，可以达到监测GIS局部放电的目的，因此可以利用在腔体外壁上安装的超声波传感器来测量局部放电信号。超声波检测法示意图如图3-37所示。

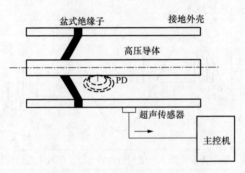

图3-37 超声波检测法示意图

2）优点。传感器与GIS设备的电气回路无任何联系，不受电气方面的干扰。设备使用简便，技术相对比较成熟，现场应用经验比较丰富，可不改变设备的运行方式进行带电测量。由于测量的是超声波信号，因此对电磁干扰的抗干扰能力比较强，可以对缺陷进行定位。

3）缺点。声音信号在SF_6气体中的传输速率很低（约140m/s），且信号中的高频部分衰减很快，信号通过不同介质的时候传播速率不同，且在不同材料的边界处会产生反射，因此信号模式变得很复杂。另外传感器监测有效范围较小，对大型设备需要众多的传感器，现场应用较为不便。

4）应用难点：①无法区分放电信号和干扰信号，GIS的电压互感器（potential transformer，PT）噪声大，无法区分其中的放电信号和振动噪声信号，户外GIS的环境噪声很大，对超声检测干扰也很大；②灵敏度低，无论纵波还是横波，在 GIS 内部传播过程中衰减很大，因此，超声波检测法对金属颗粒外的其他类型放电灵敏度低；③操作不便，需要通过黏结剂将传感器贴在 GIS 壳体表面，粘贴效果和操作者的晃动对测量效果影响很大。

实验室条件下模拟的部分典型缺陷信号如图 3-38~ 图 3-44 所示。

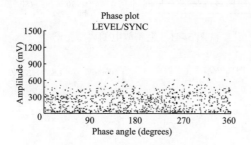

图 3-38   单个金属球状颗粒放电信号

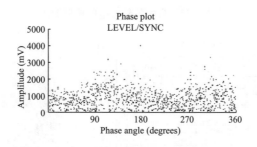

图 3-39   单个丝状金属颗粒放电信号

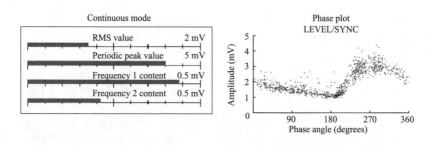

图 3-40   绑在导体上的长 2cm 的细铜线模拟尖峰放电信号

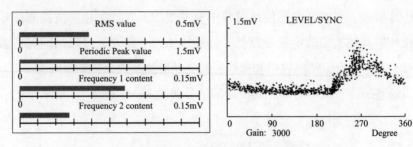

图 3-41 毛刺放电的典型图谱

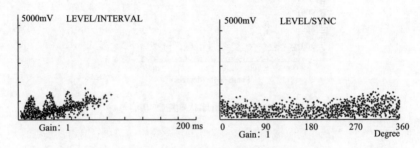

图 3-42 自由颗粒放电的典型图谱

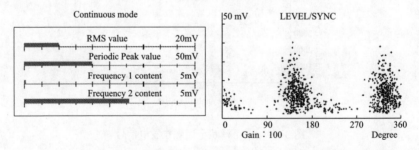

图 3-43 电位悬浮放电的典型图谱

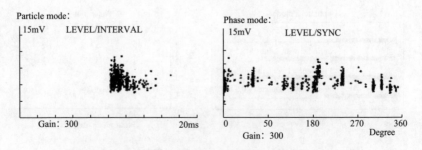

图 3-44 机械振动放电的典型图谱

（3）超高频、超声波联合法。

1）测试方法：①在 GIS 盆式绝缘子处放置超高频传感器，进行超高频检测，进行电磁波信号的测量，判断是否存在电磁波信号；②使用超声传感器逐点进行声信号检测，判断是否存在声信号，之后根据出现的几种具体情况进行进一步的分析判断；③根据①、②所得结果，进行具体分析处理。

超高频、超声波联合法示意图如图 3-45 所示。

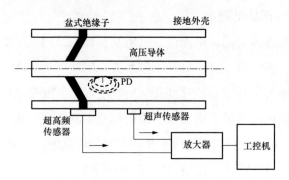

图 3-45　超高频、超声波联合法示意图

2）测试结果分析。

a. 如果电信号和声信号都存在，则使用超高频检测法根据盆式绝缘子的位置进行粗略定位，同时使用超声检测法进行精确定位，如果两者都定位到同一个 GIS 腔体且表现一致，则判断该腔体内部存在放电故障，具有绝缘缺陷，应根据具体情况进行进一步跟踪检测或采取相应措施。

b. 如果只测量到了超高频电磁波信号而没有超声波信号，则应通过改变超高频传感器的位置摆放、传感器的方向及信号的频率分布，判断是否是周围设备发生了局部放电或者是否存在另外的干扰源，并对 GIS 设备进行重点跟踪观察。

c. 如果超声波检测法测量到了声信号而超高频检测法没有测量到电磁波信号，则使用超声检测法在超声信号最大的部位进行精确定位。通过对具体位置及设备结构进行分析，判断是否是设备本身的正常振动，或者是设备的结构导致超高频信号衰减很大但不能通过检测位置测量到，并在之后对设备进行重点跟踪观察。

3）优点。同时提取局部放电信号的超高频信号和超声波信号，通过对两种信号的对比分析，能更加有效地排除现场干扰，提高局部放电定位精度和缺陷类型识别的准确性，有利于发现并确定绝缘缺陷。

4）应用关键。传感器和放大器的选择、工控机部分的设计和相关软件的实现是此检测方法的应用关键。

3. 互感器局部放电测量

（1）电压互感器局部放电测试。电压互感器的结构和一般变压器的结构类似，但它的线圈匝数很多，绕线匝数紧凑，层间电容较大，局部放电脉冲很大一部分将通过层间电容传播到测试阻抗上。电压互感器的加压方式分为直接加压和感应加压两种。电压互感器局部放电测量也可按照绝缘水平分为首末端绝缘水平不等和首末端绝缘水平相等两种情况进行测量。

1）电压互感器高压线圈首末端绝缘水平不等。

a. 外施直接加压方式。由于试验电压高于其最大工作电压，电源频率一般采用 150~250Hz。电压互感器外施直接加压测试回路如图 3-46 所示，其中（a）为串联测试回路，（a）中的测试阻抗 Z 将承受全部的高压励磁电流，测试阻抗 Z 要考虑能够通过相应的励磁电流。图 3-46（a）可以将耦合电容器 C_K 省略，而以杂散电容 C_x 作为耦合电容，也能得到足够的灵敏度。

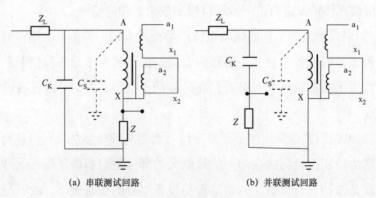

(a) 串联测试回路　　　　　　　　(b) 并联测试回路

图 3-46　电压互感器外施直接加压测试回路

　　b. 感应加压方式。感应加压时，要随时注意低压线圈的励磁电流，此电流不能超过低压线圈的允许电流。感应加压的电源频率一般采用 150~250Hz。电压互感器感应加压测试回路如图 3–47 所示。在采用 3–47（a）的测试回路时，C_K 同样可以省略而以杂散电容 C_x 作为耦合电容。

　　应该注意的是：外施直接加压时，低压线圈首末两端不允许短路；感应加压时，高、低压线圈首末两端亦均不允许短路。

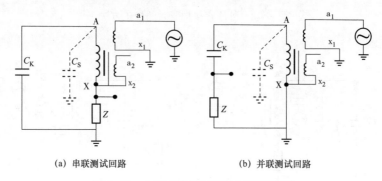

(a) 串联测试回路　　　　　　　　　　(b) 并联测试回路

图 3–47　电压互感器感应加压测试回路

　　2）电压互感器高压线圈首末两端绝缘水平相等。低电压等级的电压互感器采用高压线圈首末两端绝缘水平相等的较多。相对相电压互感器的局部放电测试回路与相对地电压互感器的测试回路与图 3–46、图 3–47 相同。但当向一个高压端施加电压时，应将另一高压端接到一个低压线圈端部，如此交替两次试验。

　　如只测试主绝缘，可与低压电流互感器的试验线路相同，低压电流互感器局部放电测试回路如图 3–50 所示。

　　3）电压互感器的校正方法。电压互感器有分布参数的特点，但它的校正方法仍然按集中参数元件的基本原理考虑，即校正回路应加在被试品两端，外施直接加压、感应加压的校正回路分别如图 3–48、图 3–49 所示。刻度系数 K 的计算和以前相同，即

$$K=\frac{u_0 c_0}{H}$$

（3–50）

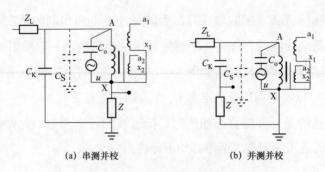

(a) 串测并校　　　　　　　　　　(b) 并测并校

图 3-48　外施直接加压时的校正方法

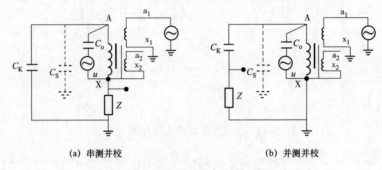

(a) 串测并校　　　　　　　　　　(b) 并测并校

图 3-49　感应加压时的校正回路

（2）电流互感器局部放电测试。电流互感器的一次、二次线圈匝数较少，可视为集中参数元件。从绝缘结构上来看，电流互感器可分为高压电流互感器和低压电流互感器两类。高压电流互感器的一次线圈的主绝缘都用金属屏来均衡电压，而末屏由导线引出作为测屏用；低压电流互感器则无此金属屏。低压、高压电流互感器局部放电测试回路分别如图 3-50、图 3-51 所示。

在实际测量中，往往耦合电容器 C_K 省略，用杂散电容 C_x 作为耦合电容，省略 C_K 的测试回路如图 3-52 所示。在这种测试回路中，可不必在高压引线上装设滤波器 Z_L，则试验变压器本身的电容 C_{TP} 也可作为耦合电容。图 3-52 的测试回路特别适用于高压等级（如 220、550kV）的电流、电压互感器的局部放电测量。

低压、高压电流互感器的校正回路分别如图 3-50、图 3-51 中的虚线部分所示。刻度系数的计算和前相同。

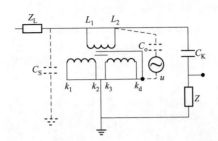

图 3-50 低压电流互感器局部放电测试回路

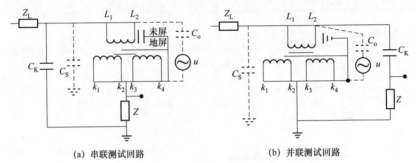

(a) 串联测试回路 (b) 并联测试回路

图 3-51 高电流互感器局部放电测试回路

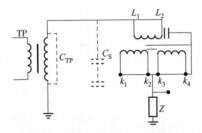

图 3-52 省略 C_K 的测试回路

（3）试验程序和允许放电水平。电压、电流互感器的局部放电试验程序和允许放电水平按 GB 50150—2016《电气装置安装工程 电气设备交接试验标准》的规定执行。

互感器允许视在电量水平见表 3-6。

表 3-6 互感器允许视在放电量水平

种 类	测量电压（kV）	允许视在放电量水平（pC）	
		环氧树脂及其他干式	油浸式和气体式
电流互感器	$1.2U_m/\sqrt{3}$	50	20
	U_m	100	50

续表

种 类			测量电压（kV）	允许视在放电量水平（pC）	
				环氧树脂及其他干式	油浸式和气体式
电压互感器	≥ 66kV		$1.2U_m/\sqrt{3}$	50	20
			U_m	100	50
	35kV	全绝缘结构（一次绕组均接高电压）	$1.2U_m$	50	20
		半绝缘结构（一次绕组一端直接接地）	$1.2U_m/\sqrt{3}$	50	20
			$1.2U_m$（必要时）	100	50

注：U_m 为设备的最高工作电压。

变压器局部放电典型图谱如图 3–53 所示。

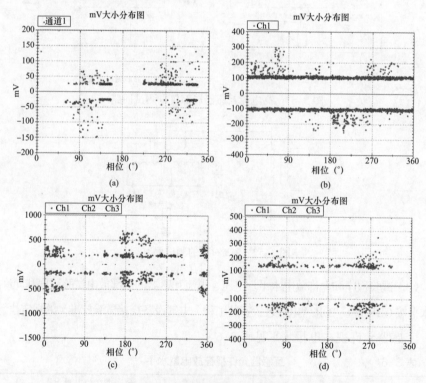

图 3–53 变压器局部放电典型图谱（一）

（a）变压器内部放电典型图谱；（b）变压器沿面放电典型图谱；（c）变压器悬浮放电典型图谱；

（d）变压器油中气泡放电典型图谱

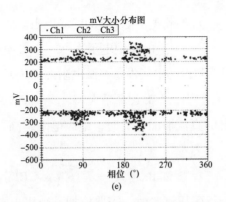

图 3-53 变压器局部放电典型图谱（二）

（e）变压器油中尖端放电典型图谱

参考题

一、单选题

1. 电力设备的额定电压高于实际使用工作电压时的试验电压，如采用额定电压较高的设备以加强绝缘时，其试验电压应按照（　　）来确定。

A. 实际使用的额定工作电压

B. 设备的额定电压的试验标准

C. 可承受的最高试验电压

2. 在进行直流高压试验时，应采用（　　）接线。

A. 正极性　　　　　　　　B. 负极性　　　　　　　　C. 负极性及正极性均可

3. 用绝缘电阻表测量设备的绝缘电阻，一般规定读取施加电压后（　　）时的读数为绝缘电阻。

A. 1min　　　　　　　　　B. 2min　　　　　　　　　C. 10min

4. 通常采用（　　）来测量电气设备的绝缘电阻。

A. 万用表　　　　　　　　B. 接地电阻表　　　　C. 绝缘电阻表

5. 直流电压作用下测得的电气设备绝缘电阻随加压时间的延长而（　　）。

A. 逐渐减小　　　　　　　B. 逐渐增大　　　　　　C. 不变

6. 测量电气设备的直流泄漏电流时，绝缘电阻越高，泄漏电流（　　），绝缘性能越好。

A. 越小　　　　　　　　　B. 越大　　　　　　　　C. 不变

7. 对电气设备进行耐压试验时，需要施加一个比正常运行电压高出很多的试验电压，因此耐压试验属于（　　）。

A. 破坏性试验　　　　　　B. 非破坏性试验　　　　C. 感应耐压试验

8. 工频耐压试验时，加至试验标准电压后的持续时间，凡无特殊说明均为（　　）。

A. 1min　　　　　　　　　B. 2min　　　　　　　　C. 3min

9. 电流通过接地装置流入地中，接地电阻数值主要由接地体附近半径约（　　）范围内的电阻决定。

A. 10m　　　　　　　　　B. 20m　　　　　　　　C. 30m

10. 对于工作接地和保护接地，需要测量的接地电阻一般指（　　）。

A. 工频接地电阻　　　　　B. 冲击接地电阻　　　　C. 保护接地电阻

11. 直流电阻测试的基本原理是在被测回路上施加（　　），根据电路两端电压和电路中电流的数量关系，测出回路电阻。

A. 某一直流电压　　　　　B. 交流电压　　　　　　C. 工频过电压

12. 局部放电试验的目的主要是在规定的试验电压下检测（　　）是否超过规程允许的数值。

A. 绝缘电阻　　　　　　　B. 泄漏电流　　　　　　C. 局部放电量

二、判断题

1. 绝缘电阻阻值的单位通常为 MΩ。（　　）

2. 电气设备的绝缘电阻阻值的大小能灵敏地反映绝缘状况，有效地发现设备局部或整体受潮和脏污，以及有无热老化甚至存在击穿短路等情况。（　　）

3. 采用西林电桥测量介质损耗角正切值时，通过调节可调电阻 R 和可变电容 C 使检流计指零，电桥平衡，这时可变电容 C 指示的电容量（取 μF）就是被试设备的 tanδ。（　　）

4. 采用移相法测量电气设备介质损耗角正切值 tanδ 时，被试品的实际电容等于正、反电源两次测量值的平均值。（　　）

5. 测量电气设备介质损耗角正切值 tanδ 时，利用外加的特制可调电源，向测量回路上施加一个反干扰电压，使电桥平衡后再加试验电压的方法称为屏蔽法。（　　）

6. 当试验电压 U 及电源频率 ω 一定、被试品的电容也一定时，介质损耗 P 与 tanδ 成反比。（　　）

7. 感应耐压试验采用的倍频电源频率应取 100Hz 或更高，但不可超过 1000Hz。（　　）

8. 感应耐压试验就是利用工频电源和升压设备产生工频高压对被试品进行耐压试验。（　　）

9. 直流电阻测试的基本原理是在被测回路上施加直流电压，根据电路两端电压和电路中电流的数量关系，测出回路电阻。（　　）

10. 雷电保护接地需要测量的接地电阻一般指冲击接地电阻。（　　）

11. 接地电阻的数值等于作用在接地装置上的对地电压与通过接地极流入地中电流之比。（　　）

12. 电力行业相关标准规定，对 20~35kV 固体绝缘互感器每 1~3 年进行一次局部放电试验。（　　）

13. 相关国家标准规定，互感器的试验项目中包括对电压等级为 35~110kV 互感器进行局部放电抽测，抽测数量约为 10%。（　　）

14. 局部放电试验的目的主要是在规定的试验电压下检测局部放电量是否

超过规程允许的数值。（　　　）

15. 在直流电压试验中，作用在被试品上的直流电压波纹系数应不大于 3%。（　　　）

16. 直流电压波纹系数也称为直流电压的脉动因数，是指电压脉动幅值对电压最大值与最小值算术平均值的周期性波动。（　　　）

17. 直流电压发生装置应具备足够的输出电流容量，试验时所需电流一般不超过 1mA。（　　　）

18. 电气设备交接试验，除按现行的《电气装置安装工程　电气设备交接试验标准》执行外，还应参考设备制造厂对产品的技术说明和有关要求进行。（　　　）

19. 电气设备在投入电力系统运行后，由于电压、电流、温度、湿度等多种因素的作用，电气设备中的薄弱部位可能产生潜伏性缺陷。（　　　）

单一介质的绝缘特性

导电性能良好的物体叫作导体，几乎不能传导电荷的物体叫作绝缘体或绝缘介质。绝缘介质的主要作用是隔离不同电位的导体，使电流能按一定的方向在导体里流通。绝缘介质种类繁多，按分子结构可分为非极性电介质、弱极性电介质、极性电介质；按化学性质可分为无机绝缘介质、有机绝缘介质、混合绝缘介质。本章按照介质形态分别讨论气体介质、液体介质和固体介质的绝缘特性。

第一节　气体介质的绝缘特性

气体介质在电力系统中的应用十分广泛。常用的气体介质有空气、氮气、氢气、二氧化碳和六氟化硫等。纯净的中性状态的气体电导率很小且绝缘优良，但在电力系统中当过电压使气体间隙上的电压超过某一临界值时，气隙会发生击穿现象，气体由绝缘状态转变为导电状态，从而引起事故发生。所以研究气体的绝缘特性可合理确定气体的间隙距离，保证电力系统安全运行。

一、气体放电的主要形式

气体在电压作用下发生导通电流的现象称为气体放电。根据气体放电的形成条件，气体放电可分为非自持放电和自持放电。必须依靠外界电离因素才能维持的放电称为非自持放电；不需要外界其他电离因素，而仅依靠电场本身的作用就能维持的放电称为自持放电。

发生自持放电时，气体间隙是否击穿与电场是否均匀有关。在均匀电场中，气体间隙一旦出现自持放电即被击穿；在极不均匀电场中气体间隙局部达到自持放电时，会出现电晕放电，但间隙并不击穿，必须进一步提高电压，才能使间隙击穿。

根据气体的压力、电极形状、施加电压、电源频率和电场强度的不同，气体的放电形式多种多样，现象也各不相同，大致有以下几种主要形式。

1. 辉光放电

一般在气压较低时，当外施电压增加到一定值后，通过气体的电流明显增加，气体间隙两极间整个空间忽然出现发光现象，这种放电形式称为辉光放电。

辉光放电的特点是放电电流密度较小，放电区域通常占据整个电极间的空间，整个间隙仍呈绝缘状态。气体不同发光颜色也不同。辉光放电主要应用于霓虹管、氖稳压管、氦氖激光器等器件。

2. 电晕放电

如果空气间隙的两个电极距离较远，其中至少有一个电极的曲率半径很小，空气间隙电场分布极不均匀，随着外施电压升高，紧靠电极的电场最强处会出现空气电离，产生发光的薄层，并常伴有嗤嗤声，这种放电形式称为电晕放电。电晕放电是极不均匀电场所特有的一种自持放电形式。开始发生电晕时的电压称为电晕起始电压，而电极表面的电场强度称为电晕起始电场强度。

电晕放电的特点是空气间隙电场极不均匀。电晕放电在电极附近强电场处出现的局部空气电离发光现象，电流很小，整个空气间隙并未击穿，仍能耐受住电压的作用。负离子发生器就是电晕放电的一种应用。另外，各种高压装置的电极尖端也常常发生电晕放电。

3. 刷状放电

当空气间隙发生电晕放电时，如果电压继续升高到一定程度时，会从电晕电极伸展出许多较明亮的细小放电通道，这种现象称为刷状放电。如果继续升高电压，则整个间隙会出现击穿放电，形成火花放电或电弧放电。其中回路阻抗和电源容量决定了最后形成的是火花放电还是电弧放电。

如果电场稍不均匀，则可能不出现刷状放电，而是由电晕放电直接转为击穿放电。

4. 火花放电

在普通气压及电源功率不太大的情况下，当在气体间隙的两极电压升高到足以击穿气体间隙时，气体间隙发生明亮的火花，火花时断时续，这种现象叫作火花放电。

出现火花放电是因为电源功率不够大，间隙击穿后电流突增，放电回路电压突降，火花不能维持持续放电而突灭，电流突降放电间隙上的端电压又突增，间隙再次击穿，形成断续的火花放电。放电时电极间有丝状火花跳过电极空间，其路程则是随机的。自然界中的雷电就是一种大规模的火花放电。

5. 电弧放电

当气体间隙两极的电源功率足够大时，气体发生火花放电之后，便立即发展至对面电极，出现非常明亮的连续弧光，这时回路的电阻很小，电流很大，形成电弧放电。

电弧放电的特点是电流密度极大，温度极高，具有耀眼而细长的放电弧道，弧道电阻很小，具有短路的性质。

电力系统的架空线路和电气设备的外绝缘一般采用大气作为绝缘间隙，并不处于真空状态，因此不会出现辉光放电，只可能发生电晕放电、刷状放电、火花放电和电弧放电。

二、气体击穿机理

气体放电的形成需具备两个基本条件，一是外施电压，它能使气体间隙空间内呈现一定强度的电场；二是外界电离因素，它在间隙中形成初始带电粒子。当提高气体间隙的电压使其达到一定数值时，通过气体的电流会突然剧增，从而使气体失去绝缘的性能。气体由绝缘状态变为良导电状态的过程称为击穿。气体击穿时，除电导突增外，还常常伴随有发光发热及发声等现象。

1. 电离

处于正常状态并没有受到外能作用的气体是不导电的良好绝缘体。由于空中紫外线、宇宙射线或地球内部的辐射线等各种外界因素的影响，气体中的原子吸收外界能量使其内部能量增加，其处在距原子核较近的低能态轨道上的电子能跃迁到离原子核较远的较高能态的轨道上的过程称为原子激励。此时原子的状态称为激发态，电子也还未摆脱原子核的束缚。

激励过程所需要的能量称为激励能。激励状态存在的时间很短（约8~10s），激励状态过后电子将自动返回常态轨道上，这时产生激励时所吸收的外加能量将以辐射能的形式放出。如果原子获得的外加能量足够大，可使原子中的一个或几个电子完全脱离原子核的吸引力成为自由电子，而原子由于失去电子成为正离子，这一过程叫作电离（也称游离）。在空气间隙中，处于电场中的带电质点，除了经常做不规则的热运动外，还受极间电压电场力的作用沿电场方向运动，并不断加速积累动能，当所积累的动能足够与其他中性气体分子（或原子）发生碰撞时，会使后者失去电子，形成新的自由电子和正离子。

电离是激发的极限状态，根据引起电离因素的不同，电离通常分为碰撞电离、光电离、热电离和表面电离。

（1）碰撞电离。以一定速度运动着的质点（如电子、离子等）与中性原子碰撞引起的电离称为碰撞电离。碰撞电离是气体放电过程中产生带电质点的极重要来源，在气体放电过程中起着重要的作用。气体中的电子、离子及其他质点与中性原子的碰撞都可能产生电离，但因为离子的质量及尺寸比电子大很多，其平均自由行程（粒子在两次碰撞之间的行程叫自由行程）远小于电子的自由行程，所以在电场作用时，电子的运动速度比离子快很多，很容易积累起电离所需的能量。另外离子或其他质点因其本身的体积和质量较大，难以在碰撞前积累足够的能量，且碰撞时能量交换效率较低，所以在气体放电过程中，碰撞电离主要是自由电子与气体分子(或原子)相撞而引起的。

（2）光电离。光辐射引起的气体原子的电离称为光电离。光辐射的能量与波长有关，波长越短，能量越大。光电离产生的自由电子称为光电子，光电离在气体放电过程中起着很重要的作用。对所有气体，在可见光作用下，一般不能直接发生光电离。高能射线（如 α、β、γ 射线）和宇宙射线等都具有较强的电离能力，可以使气体分子电离，紫外线也有一定的电离能力。

（3）热电离。热电离是指气体热状态下引起的电离。在常温下，气体质点的热运动所具有的平均动能远低于气体的电离能，因此不产生热电离。热电离一般在数千摄氏度的高温下才发生，如电弧产生的高温可以使周围气体互相碰撞，产生碰撞电离。此外，高温气体的热辐射也能引起光电离。所以热电离的本质是热状态产生的碰撞电离和光电离的综合。

（4）表面电离。电子从金属表面和电极发射出来的电离称为表面电离或表面发射。表面电离与其他电离形式的区别为发生其他形式的电离时，电子和正离子同时出现；而表面电离只产生电子，没有正离子出现。表面电离有多种方式，可以用各种不同的方式供给电子能量使其逸出金属表面。表面电离的主要形式有正离子碰撞阴极、光电效应、强场发射、热电子放射等。

气体介质发生放电时，除了有不断形成带电粒子的电离过程外，还存在着相反的过程，即带电粒子的消失过程，它们将导致带电粒子从电离区域消失，或者削弱其产生电离的作用，这些过程通常叫作去电离过程。带电粒子的运动、扩散、复合以及电子的附着作用都属于去电离过程。当导致其他电离的因素消失后，这些去电离过程将使气体迅速恢复到绝缘状态。

2. 气体放电理论

（1）汤逊放电理论。20 世纪初，英国物理学家汤逊（Townsend）在均匀电场、低气压、短间隙的条件下进行了放电试验，解释了整个间隙的放电过程和击穿条件。平行板电池试验装置如图 4-1 所示，它就是汤逊的试验装置。在空气中放置两块平行板电极，用外部光源对阴极板进行照射，并在两极间加上直流电压，则在两极之间形成均匀电场。当两极间电压从零逐渐升高时，可得到电流和电压的关系，放电电流和电压的关系如图 4-2 所示。

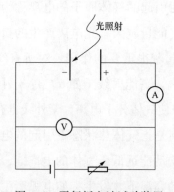

图 4-1　平行板电池试验装置

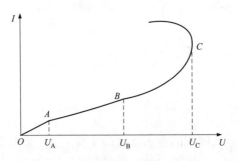

图 4-2　放电电流和电压的关系

　　由于受各种外界因素的影响，大气中会产生少量的带电粒子。另外，当阴极受到照射时也能发射电子。在极间加上电压后，带电粒子沿电场方向运动，形成电流。开始时随着电压的升高，带电粒子的运动速度增大，电流也随之增大，如图 4-2 中 OA 段曲线所示。到达 A 点后，电流不再随着电压增大而成比例增大，因为这时在单位时间内由外界电离因素在极间产生的带电粒子已经全部参加导电，所以电流趋于饱和，这个饱和电流密度是极小的，这时气体间隙仍处于良好的绝缘状态。到达 B 点后，电流又随着电压成比例增加，这时间隙开始出现碰撞电离。随后电流持续增大，到达 C 点时电流急剧增大，间隙进入良好的导电状态。C 点之前间隙中的电流还很小，且需要依靠外界的电离因素来维持，此时放电属于非自持放电，C 点之后，气体间隙发生强烈的电离，带电粒子数量剧增，此时间隙中的放电依靠电场的作用就可以维持，这种放电属于自持放电。

　　当空气间隙上的电压足够高、电场强度足够大时，带电粒子的运动速度加快，出现强烈的碰撞电离。带电质点（主要是自由电子）又按电场方向运动碰撞其他分子，使其发生电离产生新的电子。新生电子与原来的初始电子一起按电场方向快速运动，同时参与碰撞电离，这样自由电子个数将会指数增长，如此连锁反应，便形成了电子崩，电子崩的形成如图 4-3 所示。

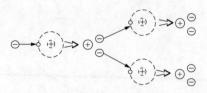

图4-3 电子崩的形成

　　从图4-3可见，气体中的电子数目由1变为2，又由2变为4，成指数倍数急剧增加。电子崩中的电荷分布如图4-4所示，从图可见电子崩中的电荷分布以正离子为主。由于电子的质量轻，运动速度快，绝大多数都集中在电子崩的头部，而正离子由于运动速度比自由电子慢得多，滞留在产生时的位置上，缓慢地向阴极移动。

　　气体间隙出现电子崩时，通过间隙的电流随之增加，但此时的放电仍属于非自持放电，间隙尚未击穿，流过间隙的电流虽然有增加，但仍然很小，远小于微安级。

　　汤逊放电理论认为电子碰撞电离作用是气体放电的主要过程，而电极的表面电离产生电子发射是维持气体放电的必要条件。

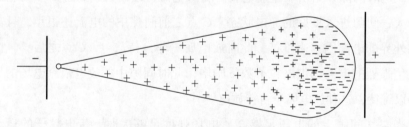

图4-4 电子崩中的电荷分布

　　（2）流注理论。流注是指空气间隙中往两极发展的充满正、负带电质点的混合等离子通道。流注的形成与二次电子崩有关。流注的形成及发展过程如图4-5所示。当空气间隙极间电场足够强时，一个由外界电离因素作用产生的初始电子快速从阴极奔向阳极，途中不断产生碰撞电离，发展成电子崩（即初始电子崩），初始电子崩如图4-5（a）所示。初始电子崩的头部靠近正极的地方有几个向外的箭头，这表示由电子崩头部的大量正离子形成的空间电荷，使附近电场大大增强并严重畸变，由于气体原子的激励、电离、复合等过程出现光电离而产生的新电子，称为二次电子。由于受到大量空间正电荷强电场的吸引，这些由光电离产生的二次电子快速向正电荷区域运动，途中发生碰撞电离，形成新的电子崩，称为二次电子崩。

二次电子崩接近阳极时，电离最强，光辐射也最强，从图4-5（b）、（c）可见，在二次电子崩的头部有大量电子进入初始电子崩的正空间电荷区内，与之混合成为充满正、负带电质点的混合等离子通道，即形成流注。流注的速度比碰撞电离快，同时光辐射是指向各个方向的，光电子产生的地点也是随机的，这说明放电通道可能是曲折的。当由于某一偶然因素使流注按某一方向发展较快时，它将抑制其他方向流注的形成和发展。因此气体间隙的放电通道一般都很狭窄，当间隙击穿时，会出现很细很亮的放电通道。

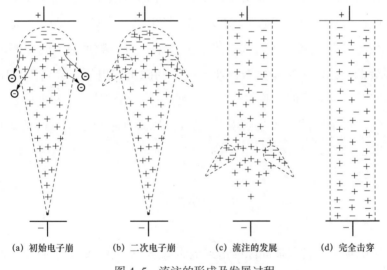

(a) 初始电子崩　　(b) 二次电子崩　　(c) 流注的发展　　(d) 完全击穿

图 4-5　流注的形成及发展过程

形成流注的过程：初始电子崩形成正空间电荷，使原电场加强并发生畸变，正负电荷急剧复合时向周围发射光子，引起光电离，产生二次电子，形成二次电子崩，许多二次电子崩与初始电子崩汇合形成流注。

　　流注从空气间隙的阳极向阴极发展，称为阳极流注，也称正流注，它与初始电子崩的发展方向相反。如果作用在空气间隙上的电压特别高，则在初始电子崩从阴极向阳极发展的途中出现二次电子崩，形成流注。当初始电子崩到达阳极时，流注随即贯通整个间隙。这种从阴极向阳极发展的流注称为阴极流注，也称负流注。它的发展方向与初始电子崩相同。

　　流注理论认为电子的碰撞电离及空间的光电离是气体放电的主要因素，同时强调空间电荷对电场的畸变作用。二次电子崩的初始电子是由光电子形成，而光子的速度远比电子大，二次电子崩又是在加强的电场中进行，所以流注发展更迅速，击穿时间更少。大气下气体放电的发展不是依靠正离子使阴极表面电离形成的电子来维持，而是靠空间光电离产生的电子来维持，故阴极材料对气体的击穿电压影响不大。

　　3. 巴申定律

　　气体由绝缘状态变为良导电状态的过程称为击穿。使气体发生击穿的最近电压称为气体的击穿电压。在均匀电场中，气体间隙的距离一定时，间隙的击穿电压与气体压力有关。当压力在某一特定数值时，间隙的击穿电压达到最低，这时如果增大或减小压力，间隙击穿电压都会增高。1889 年物理学家巴申从大量的试验中总结出下列定律：当气体种类和电极材料一定时，均匀电场中气隙的放电电压 U_F 是气体压力 p 和间隙极间距离 d 乘积的函数，即

$$U_F = f(pd) \tag{4-1}$$

　　均匀电场中几种气体间隙的击穿电压 U_F 与 pd 乘积的关系曲线称为击穿特性，均匀电场中几种气体的击穿特性如图 4-6 所示。

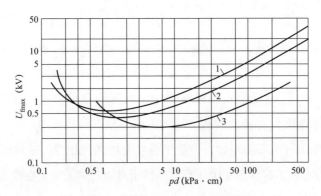

图 4-6 均匀电场中几种气体的击穿特性

1—空气；2—氢气；3—氮气

图中曲线均有一个最低电压，当电极距离 d 一定时，如改变压力，由于带电粒子的平均自由行程与气体压力 p 成反比，则压力低时，自由行程大，电子与气体分子碰撞机会减少，只有增加电子的能量才能产生足够的碰撞电离（否则只碰撞不电离），从而使气体击穿，因此击穿电压提高；当压力大时，自由行程小，电子在电场方向积聚能量不够，即使有碰撞也不电离，因而击穿电压也提高。当压力 p 不变，而电极距离 d 太小时，由于极间碰撞次数太少，不易电离，亦需提高电压，因而在 p、d 变化过程中会出现最小值。

巴申定律指出提高气体大气压力或者提高气体真空度都可以提高气体间隙的击穿电压。真空断路器就是利用提高真空度来提高断路器断口的击穿电压；而压缩空气断路器则是利用足够高的气压来提高断口的击穿电压。采用压缩空气时，在高气压下如果出现放电，空气中的氧容易引起绝缘物燃烧，因此常用氢、氮、二氧化碳代替空气。

三、影响气体介质击穿的主要因素

1. 电场均匀程度

两个无限大的平板电极平行放置，中间的电场就是均匀电场。在均匀电场中，所有电力线平行且疏密均匀，电场强度处处大小相等、方向相同。在均匀电场中，直流击穿电压和工频击穿电压的幅值接近相等，但在不均匀电场中这个关系就不一定成立。电极极性不同，空间电荷的极性也不同，所以对放电发展的影响也就不同，这造成了不同极性的电极电晕起始电压及间隙击穿电压不同，这种现象叫作极性效应。只有不对称的电场才有极性效应，对称的棒－棒电极没有极性效应，均匀电场也没有极性效应。

均匀电场中电极布置对称，气隙中各处电场强度相等。一旦气隙中某处放电，整个气隙立即击穿，击穿电压与电压作用时间基本无关。直流击穿电压与工频击穿电压的峰值实际上相同。均匀电场气隙中一旦出现自持放电，间隙即被击穿，形成电弧放电或火花放电。因此，在均匀电场气隙中不会出现电晕放电现象。

除了均匀电场以外的所有电场都是不均匀电场，其中不均匀电场又分为稍不均匀电场和极不均匀电场。电场的不均匀程度可以根据是否能维持稳定的电晕放电来区分。能维持稳定电晕放电的不均匀电场，一般可称为极不均匀电场，如棒－棒电极、棒－板电极；虽然电场不均匀，但还不能维持稳定的电晕放电，一旦放电达到自持，必然导致整个间隙立即击穿，称为稍不均匀电场。高压实验室中测量电压用的球间隙和全封闭组合电器（GIS）的母线圆筒是典型的稍不均匀电场，但是球间隙的距离比金属球直径大很多时，球间隙电场为极不均匀电场，所以高压试验中采用的球间隙距离一般应保证不大于球直径的一半。稍不均匀电场和均匀电场一样，击穿电压就是其自持放电电压，但稍不均匀电场中的空气间隙平均击穿场强要比均匀电场低。

棒－棒间隙和棒－板间隙构成的电极间隙是典型的极不均匀电场。以棒－板电极为例，当作用在间隙上的电压足够高时，在棒形电极附近很小范围内电子碰撞电离已达到相当程度时，间隙中大部分区域内电离程度仍然很小，实际上可以忽略不计。这时，初始电子崩只在电极附近很小的范围内发展起来，即使出现自持放电，如果极间电压尚不足以击穿整个间隙，电离只局限于棒形电极附近的很小范围内，在此区域开始出现薄薄的紫色荧光层。这时电流虽有所增加，但仍然很小，间隙没有击穿。

随着电压增加，电晕层扩大，电晕电流增大。当电压增加到足够高时，在间隙中突然出现贯通两电极的放电通道，出现击穿。由此可见，在极不均匀电场中，间隙击穿电压远高于自持放电电压。电场越不均匀，击穿电压与开始发生电晕的电晕起始电压差别也越大。电场越不均匀，击穿电压也越低。

2. 电压极性

在均匀电场中，直流击穿电压和工频击穿电压的幅值接近相等。但在不均匀电场中这个关系就不一定成立。以棒–板电极为例，由于棒的曲率半径小，电极极不均匀。无论棒为正极还是负极，棒极附近的电场强度都最大，碰撞电离最为剧烈，电子崩在棒极附近首先出现。棒极带负电时产生电晕的电压低，棒极容易电晕，击穿电压高，气体间隙不容易击穿；当棒极带正电时产生电晕的电压高，击穿电压低，棒极发生电晕后电压稍微提高就容易击穿，击穿电压比棒极带负电时大约低一倍。在极间距离相同时，棒–板间隙的击穿电压要低于棒–棒间隙的击穿电压，这是因为棒–棒间隙是对称的电极，而棒–板间隙是不对称的电极，形成的电场更不均匀，击穿电压更低。

均匀电场中电极布置对称，不存在极性效应，其击穿电压与电压极性无关。稍不均匀电场或极不均匀电场的棒–棒间隙，由于电极对称，因此击穿电压也与电压极性无关。只有不对称的电场，气体间隙的直流或冲击击穿电压与电压极性有关，一般负极性放电电压高。

3. 电压波形

电力系统中运行中的电气设备，除了受到工频电压和谐振过电压作用外，还会受到运行中异常状态和操作时引起的操作冲击波过电压和雷电时引起的雷电冲击波过电压的作用，这几种电压的波形都不一样。不同性质、不同波形的电压，气隙的击穿电压是不同的。

直流试验电压波形有一定的脉动，电压是其平均电压，脉动幅值是最大值与最小值之差的一半。波纹系数为脉动幅值与平均值之比。GB/T 16927.1—2011《高电压试验技术 第1部分：一般定义及试验要求》规定，被试品上直流试验电压的波纹系数应不大于3%。工频电压和谐振过电压的波形是周期性的，持续时间较长，因此称为持续作用电压或暂时作用电压，其波形为正弦波，频率为工频或工频的倍数。

雷电冲击电压和操作冲击电压波形持续时间很短，以 μs（微秒）计，属于瞬态作用电压，也称冲击电压。其中雷电冲击电压持续时间最短，属于非周期性的单次脉冲，持续时间只有几微秒到几十微秒。操作冲击电压持续时间比雷电冲击电压长，达到几百微秒到几千微秒。操作冲击电压一般也是单次脉冲波形，属于非周期性的，但有时也可能出现周期性衰减的振荡波，但持续时间仍较短。

国际电工委员会（IEC）和我国相关国家标准规定了雷电冲击电压典型波形，典型雷电冲击电压波形如图 4-7 所示。图中 T_1 称为波前时间，T_2 则是半峰值时间，雷电冲击电压波形就是由这两个时间确定的。由于雷电冲击电压波形的原点附近数值微小、模糊不清，而波峰附近波形又较平坦，不易确定原点及峰值的确切位置，因此规定由 $0.3U_m$ 和 $0.9U_m$（U_m 为冲击电压的峰值）两点连一直线，该直线与横坐标的交点至波峰所需的时间 T_1 作为波前时间（也称为视在波前时间）。同样，由于雷电冲击电压的波尾衰减平缓，与横坐标的交点不易确定，因此规定从雷电冲击电压波形的视在原点 O' 至雷电冲击电压由峰值衰减到 $0.5U_m$ 时所需要的时间 T_2 为半峰值时间。IEC 和我国相关国家标准规定，T_1=1.2μs，容许偏差 ±30%；T_2=50μs，容许偏差 ±20%；T_1、T_2 通常也称为波头时间和波长时间，统称为波形参数。雷电冲击电压典型波形的参数如用符号表示写作 ±1.2/50μs。这里"±"表示冲击电压不接地极的极性可以是正极或负极。

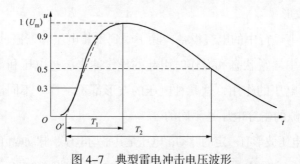

图 4-7　典型雷电冲击电压波形

T_1—视在波前时间；T_2—视在半峰值时间；U_m—雷电冲击电压峰值；O'—视在原点

雷电冲击电压截波波形如图 4-8 所示。雷电冲击电压作用于电力线路或电气设备上，在某一时间有可能发生击穿或闪络，也可能因避雷器放电而使波形被截断，形成截波波形。截波由于电压突然锐减，在流经电气设备的绕组时会感应产生很高的匝间电压，对绕组绝缘构成威胁。因此有关规程规定，变压器类设备在新产品做型式试验时要进行雷电冲击截波耐受电压试验。

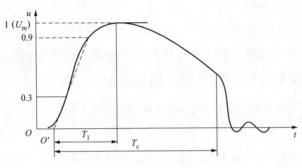

图 4-8　雷电冲击电压截波波形

T_1—波前时间；T_c—截断时间；U_m—雷电冲击电压截波峰值

为了等效模拟电力系统中操作过电压时的冲击电压波形，IEC 和我国相关国家标准推荐采用图 4-9 所示的操作冲击电压典型波形，并规定波前时间 T_1=250μs ± 20%，半峰值时间 T_2=2500μs ± 60%，如考虑极性，则记作 ± 250/2500μs。

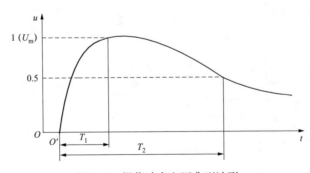

图 4-9　操作冲击电压典型波形

空气间隙的操作冲击击穿电压数值大小不仅与间隙距离、电极形状、电极极性有关，而且与操作冲击电压波波前时间的长短有关。研究表明，长空气间隙的操作冲击击穿通常发生在波前部分。当波前时间较短时，说明电压上升较快。由于间隙击穿需要经历碰撞电离、自持放电和产生流注等过程，如果波前时间太短，在棒电极附近形成足够的空间电荷就比较困难，间隙击穿需要较高的击穿电压。因此波前时间越短，击穿电压越高。反之，如果波前时间较长，说明电压上升缓慢，在棒电极端部容易形成稳定的电晕，这相当于增大了棒电极端部的半径，形成了一个类似球状电极，这样使电场的不均匀程度减弱，同样也使击穿电压增高。波前时间越长，击穿电压也越高。这就说明操作冲击波的波前时间存在某一中间值，这时的冲击击穿电压最低。这时的波前时间称为临界波前时间，用 T_0 表示。

棒–板间隙正极性 50% 操作冲击击穿电压与波前时间的关系如图 4–10 所示，图中 $U_{50\%}$ 称为 50% 击穿放电电压。50% 击穿放电电压是指在该冲击电压作用下，放电的概率为 50%。在工程上常以击穿概率为 50% 的冲击电压作为间隙的冲击电压击穿值，取名为 50% 冲击放电电压，用符号 $U_{50\%}$ 表示。操作冲击击穿电压随波前时间的变化呈 U 形曲线，当波前时间 T_1 等于临界波前时间 T_0 时，击穿电压最低。波前时间 T_1 大于或小于临界波前时间 T_0 时，空气间隙的击穿电压都提高，而且临界波前时间 T_0 也不是固定值，而是随空气间隙距离的长度的不同而变化，S 越长，T_0 也越长。

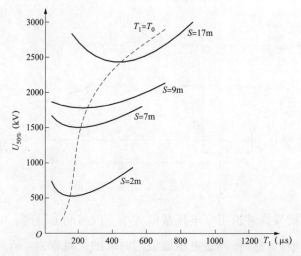

图 4-10　棒–板间隙正极性 50% 操作冲击击穿电压与波前时间的关系

T_1—波前时间；T_0—临界波前；S—空气间隙距离

工频电压、冲击电压和直流电压波形都不同。在均匀电场中，空气间隙的击穿电压与电压波形、电压作用时间无关。气体间隙内流注一旦形成，放电达到自持，间隙即被击穿。在极不均匀电场中，气体间隙的雷电冲击击穿电压比工频击穿电压高得多。但是对于操作冲击电压，也可能出现操作冲击击穿电压低于工频击穿电压的情况。

4. 电极材料和形状

不锈钢电极和铝制电极在其他条件都相同时，间隙的击穿电压却不一样。铝电极表面容易发射电子，因此击穿电压较不锈钢电极低。

电场分布越均匀，气体间隙的平均击穿场强越高。增大电极曲率半径可以改善电场分布，提高间隙击穿电压。消除电极表面的锐缘、棱角、焊斑、毛刺等，降低电极表面的粗糙度，可以减小击穿电压的分散性，消除电场局部增强的现象。

5. 气体状态

气体的压力、温度、湿度会影响间隙的电离过程。由巴申定律可知，均匀电场中，提高气体的压力可以提高气体的击穿电压。因为气压增大后，气体分子的密度增大，电子的平均自由行程缩小，从而减弱了电离过程，在一定气压范围内，提高气体压力可有效提高气体击穿电压。

湿度对气体间隙的击穿电压也有影响。湿度增大，气体间隙的击穿电压增高。这是因为随着湿度增大，空气中的水分子增加，电子与水分子发生碰撞的机会增多，水分子捕获自由电子形成的负离子增多。由于负离子的活动能力较差，使空气中的电离减弱，因而对气体中的放电过程起到抑制作用，击穿电压增高。

高海拔地区由于气压下降，空气相对密度下降，因此空气间隙的放电电压也随之下降。在海拔 1000~4000m 的地区，海拔每升高 100m，绝缘强度约降低 1%。我国相关国家标准规定，对拟用于海拔 1000~4000m 的外绝缘设备，在海拔 1000m 以下的非高海拔地区进行试验时，其试验电压 U 的计算方式如下：

$$U=K_aU_0=\frac{U_0}{1.1-H\times10^{-4}} \tag{4-2}$$

式中　K_a——海拔校正因数;

　　　U_0——标准大气压下的击穿电压;

　　　H——设备安装处的海拔高度,m。

6. 气体种类

不同种类的气体,其间隙击穿电压也不同。特别是某些含卤族元素的气体,如六氟化硫、二氯二氟二碳(弗雷翁)和四氯化碳,在相同环境下这些气体耐电强度比空气要高得多,通常称为高强度气体。这些气体之所以具有高绝缘强度是因为它们具有很强的负电性,容易与电子结合成负离子,从而削弱了电子的碰撞电离能力,同时又加强了复合过程。另外,这些气体的分子量和分子直径较低,使得电子在其中的自由行程较短,不易积聚能量,减少了碰撞游离的能力,使气体击穿电压提高。

六氟化硫(SF_6)被广泛地应用在高压断路器、高压充气电缆、高压电容器、高压充气套管等电气设备中。近年来还发展了用SF_6绝缘的全封闭组合电器,大大缩小了高压电气设备所占空间。SF_6气体不仅具有较高的耐电强度,还具有优良的灭弧性能。SF_6气体在普通状态下是不燃、无味、无毒、无色的惰性气体。正常情况下相对密度为空气的5倍。在均匀电场中,同为一个大气压力时,电气绝缘强度约为空气的2.3~3倍。压力越高,SF_6气体的液化温度也越高。在中等压力下,SF_6气体可以被液化,便于贮藏和运输。电气设备使用SF_6时要防止出现液化,要根据当地气象条件可能出现的最低温度选择合适的充气压力。纯净的SF_6气体是无毒的,但是在水分和电弧的作用下会产生水解,形成有毒或有腐蚀性的物质,因此必须采用适当的吸附来消除水分和有害杂质,并做好电气设备的密封处理,加强漏气检查和气体含水量监测。

另外,需要注意SF_6气隙的极性效应和空气间隙不同。在极不均匀电场中,曲率半径小的电极(棒极)为负极时,其电晕起始电压要比棒极为正极时低,其击穿电压也是负极低于正极。因此，SF_6 气体绝缘结构的绝缘水平是由负极性电压决定的。

四、气体中固体介质的沿面放电

沿着固体介质表面的气体放电，称为沿面放电。在电气设备中，通常利用绝缘子、套管等固体介质通过支撑或悬挂等方式固定带电部分，在导体承受电压超过一定值时，常常在固体介质与空气的交界面上出现放电现象。当沿面放电发展成贯穿性短路时称为沿面闪络，简称闪络。由于固体介质表面电压分布不均，沿面放电电压比气体或固体介质单独存在时的击穿电压低。沿面放电受表面状态、污染程度、电场分布等多种因素的影响。

1. 闪络产生的原因

（1）固体介质表面有毛刺或有伤痕裂纹，使介质表面电阻不均匀，导致电场强度畸形分布，电场强的地方首先放电，从而降低沿面闪络电压。

（2）户外运行中的固体介质表面（如户外绝缘子、套管等）常常受到工业污秽（化工、冶金、水泥等）或自然界盐碱、飞尘、鸟粪等污秽，在雾、露、雨、冰、雪等气候条件下，表面闪络电压会大大降低。

（3）大气湿度和固体介质表面吸潮的影响。如果空气湿度很大，固体介质表面吸收潮气形成水膜，由于水分具有离子电导，离子在电场中沿介质表面移动，电极附近逐渐积聚起电荷，使两极附近的电场加强并首先放电，引起沿面闪络电压降低。

越易吸湿的固体，如玻璃、陶瓷等，沿面闪络电压越低。由于表面水分子中的离子沿电场移动需要时间，因此均匀电场中工频电压、直流电压作用下的沿面闪络电压比冲击电压下的沿面闪络电压还要低。

（4）固体介质与电极表面接触不良，在它们之间存在空气间隙，空气的介电系数比固体介质的小，于是气隙部分的电场强度比平均电场强度大得多，在这里将首先发生局部放电，从而使沿面闪络电压降低。

上面介绍的各种产生闪络的因素实际上都与电场分布不均匀有关，电场分布是否均匀对固体绝缘的沿面放电有重要影响。由于受导体形状的影响，电场分布难以做到绝对均匀，在电场分布最强的地方，空气首先发生电离产生电晕，随着电压的升高，电晕放电转入滑闪放电（滑闪放电是绝缘表面气体热电离引起的，沿着绝缘表面的不稳定的树状放电，它并没有贯穿两极），电压再升高，火花延伸，最后导致沿面闪络。

　　固体介质与气体介质交界面的电场分布情况一般有均匀电场、弱垂直分量的不均匀电场和强垂直分量的不均匀电场三种情况。

　　在均匀电场中，电力线与固体介质表面平行，电场分布不发生变化。由于固体介质表面可能存在脏污、受潮等情况，沿面闪络电压还是比单纯空气间隙的放电电压低。

　　在不均匀电场中，电力线和固体介质表面斜交，电场强度可分解为与固体介质表面平行的切线分量和垂直的法线分量。根据与固体介质表面垂直的法线分量的强弱，可将电场分布分为弱垂直分量的不均匀电场和强垂直分量的不均匀电场。支柱绝缘子表面的电场分布属于弱垂直分量的不均匀电场，而高压套管电场分布属于强垂直分量的不均匀电场，这是因为绝缘套管附近的电场极不均匀，尤其是接地的法兰附近电力线最为密集，电力线垂直于绝缘套管的分量要比切向分量大得多，所以称为强垂直分量的不均匀电场。

　　2. 提高沿面闪络电压的措施

　　根据不均匀电场中沿面放电的发展过程及上述闪络产生的原因，可以采取以下措施提高沿面闪络电压。

　　（1）改善电场分布。电场分布越均匀，间隙的平均击穿场强越高。因此增大电极曲率半径，消除电极上的锐缘、棱角等，可使沿固体介质表面电位分布更加均匀，从而可以提高沿面闪络电压；将电极埋入固体介质内部，使电极外部边缘处空气里的电场强度减小，也能提高沿面闪络电压。此外，在电场最强处的介质表面涂以适当电阻率的半导体涂料，可减小该处的表面电阻，从而减小那里的表面电位梯度，也能有效地抑制沿面放电的发展。

　　（2）采用屏障。在电场极不均匀的空气间隙中，安放在电极间的固体介质沿电场等位面方向设置有突出的凸棱，这一凸棱称为屏障，俗称伞裙。这种屏障具有聚集空间电荷、改善电场的作用，能使沿面闪络电压显著提高。其中最有效的形式是使屏障的边缘与电场等位面平行，而且平行于电场等位面的凸棱长度越长，沿面闪络电压越高。

（3）提高固体介质表面的光洁度。在固体介质表面涂以憎水性涂料（如硅油、硅脂、地蜡等），能防止固体介质表面水膜连成一片，大大减小介质表面的电导，也可以提高沿面闪络电压。此外，保证合理的周期性清扫（擦拭或水冲洗）可使固体介质保持清洁，这也是提高沿面闪络电压的方式之一。

第二节　液体介质的绝缘特性

液体绝缘介质是指用以隔绝不同电位导电体的液体。液体绝缘介质电气性能好，并能保护固体绝缘材料免受潮气和空气的有害影响。在电力系统中液体介质主要起绝缘、传热、浸渍及填充作用，同时还具有良好的冷却作用和灭弧功能。因此液体介质在变压器、油断路器、电容器和电缆等设备中得到广泛使用。

一、液体绝缘介质的分类

液体介质按照其来源分为矿物油、合成油和植物油三大类。充作高压绝缘用的液体介质主要是矿物油和合成油两大类，少数场合也有用蓖麻油的。实际应用中，也常使用混合油，即用两种或两种以上的绝缘油混合成新的绝缘油，以改善某些特性，如耐燃性、析气性、自熄性、局部放电特性等。

1. 矿物油

矿物油是从石油中提炼出来的许多种碳氢化合物（即一般所称的烃）组成的混合物。其中绝大部分为烷烃、环烷烃和芳香烃三种，此外还有少量其他化合物和元素。不同地区出产的矿物油所含上述三种主要烃类的比例也不相同。根据适用设备的不同，按成分和精制过程不同，绝缘油可分为变压器油、电容器油、电缆油和开关油等。

变压器油根据低温凝固点的不同分为 10、25 和 45 三个牌号，分别适用于我国不同的气候地带。DB–10 号变压器油的凝固点不高于 –10℃，闪点不低于 140℃，适用于气温不低于 –10℃的地区或作为户外断路器、油浸电容式套管和互感器用油在气温不低于 –5℃的地区使用。DB–25 号变压器油的凝固点不高于 –25℃，闪点不低于 140℃，适用于气温不低于 –10℃的地区或作为户外断路器、油浸电容式套管和互感器用油在气温不低于 –20℃的地区使用。DB–45 号变压器油的凝固点不高于 –45℃，闪点不低于 135℃，适用于气温不低于 –10℃的地区或作为户外断路器、油浸电容式套管和互感器用油在气温不低于 –20℃的地区使用。

2. 植物油

有些纯净的植物油也具有良好的电气绝缘性能，如蓖麻油，由于其绝缘性能好，介电系数较高，因此也可用作电力电容器的浸渍剂。此外，广泛使用的绝缘漆也是由植物液体加工制成，在变压器等电气设备中普遍使用。

3. 合成油

合成油是通过化学合成或精炼加工的方法获得的，其具有工艺复杂、炼制成本高昂、种类多等特点，如有机硅油、烷基苯、十二烷基苯、异丙基联苯、二芳基乙烷等。这些合成油仅供浸渍电容器用，其他高压电气设备中应用的液体介质还是以矿物油为主。

二、变压器油的击穿过程

液体介质分为理想的液体介质和工程上用的液体介质两类。一般认为，理想的液体介质的击穿过程基本上与气体介质的击穿过程相似。液体介质中总有一些自由电子在电场力的作用下加速运动，产生碰撞电离，从而最终导致液体击穿。

　　理想的纯液体介质在工程中很难得到，液体的精制过程中难免混入杂质，在储存、运输、使用过程中又有新的杂质混入。液体与空气接触，会吸收空气中的水分，也会有气体分子溶入液体中。特别是在光、热和电场的作用下，液体介质会逐渐老化而产生出气体和聚合物，所以工业用液体介质总含有一些杂质。工程中变压器油应用最广泛，故常以变压器油作为研究对象。变压器油的击穿过程与所含的杂质，如气泡、水滴或纤维等密切相关。

1. 由油中气泡引起的油间隙击穿过程

　　在电场作用下，变压器油的击穿过程可以用"小桥"理论来解释。变压器油中存在气泡时，在受到电压作用时，由于变压器油的相对介电系数为2.2，而空气的相对介电系数为1，不同介质组合在一起其场强分布与相对介电系数成反比，因此气泡中的场强是油中的2.2倍。又由于气体的耐电强度又远比油低，所以变压器油中的气泡在电压的作用下首先电离。电离过程中产生热量使气泡温度升高，气泡体积膨胀。随着电离的进一步增加，生成了更多的气泡。在电场力的作用下，许多气泡沿着电力线排成气体"小桥"，在油中形成气体通道贯穿两极，最终导致油间隙击穿。小桥理论说明图如图4-11所示。

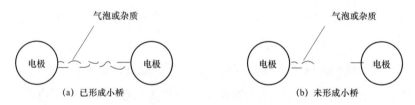

图4-11　小桥理论说明图

2. 由油中水滴或纤维引起的油间隙击穿过程

　　当变压器油中含有水分、气体和聚合物等杂质时，水滴或纤维在电场作用下被极化，这些杂质会在电场方向被拉长、定向，排成杂质"小桥"。变压器的击穿场强和其含水量的关系如图4-12所示，由图4-12可知，含水量为0.03%时的变压器油的击穿强度仅为干燥时的一半。杂质小桥泄漏电流较大，引起杂质发热，水分气化。而水（相对介电系数为80）或纤维（相对介电系数为 6.5）的相对介电系数比变压器油高很多，使油中场强增高，促使变压器油电离分解产生气体，再由气泡和杂质搭成"小桥"，最后引起油间隙击穿。

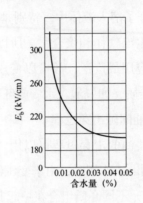

图 4-12　变压器的击穿场强和其含水量的关系

三、影响液体介质击穿电压的各种因素

液体介质击穿电压的大小既决定于其自身品质的优劣，也与外界因素，如温度、电压等有关。

1. 液体介质本身品质的影响

在较均匀电场和持续电压作用下，介质本身的品质对击穿电压影响很大。通常用标准试油器按标准试验方法测得的工频击穿电压来衡量油的品质。如无另加说明，谈到油的品质时，就是指按相关国家标准测得的工频击穿电压。在标准试油器中所测得的油的击穿电压只能作为对油的品质在耐电强度方面的衡量标准，不能用此数据直接计算在别的不同条件下油间隙的击穿电压，因为同一种油在不同条件下的耐电强度有很大差别。

下面讨论油本身的某些品质对耐电强度的影响。

（1）化学成分。矿物油中各种成分含量的比例对油的理化性能有一定影响，而对油的短时耐电强度则没有明显的影响。

（2）含水量。水分在油中有两种状态，一种是以分子状态溶解于油中，这种状态的水分对油的耐电强度影响不大；另一种是以乳化状态悬浮在油中，这种状态的水分对油的耐电强度影响很大。水分在油中的存在状态不是一成不变的，而是随着温度的变化而相互转化的。在0~80℃时，温度升高时，水分由乳化状态向分子状态转化，温度降低时则相反；高于80℃时，水分逐渐蒸发气化；低于0℃时水分逐渐凝结成冰粒。在一定的温度下，油内可存含一定量的饱和游离水分，过多的水将沉于底部。

（3）含纤维量。当油中有纤维存在时，在电场力的作用下，纤维将沿着电力线方向定向排列，形成"小桥"，使油的击穿电压降低。纤维有很强的吸附水分的能力，纤维与水分的联合作用对击穿电压的影响尤为强烈。

（4）含碳量。设备中的绝缘油在电弧的作用下分解，分解物主要为气体、液体和碳粒等固体物质。碳粒对油的耐电强度有两种作用。一方面，碳粒散布在油中使碳粒附近局部电场增强，导致油的耐电强度降低；另一方面，新生的活性碳粒有很强的吸附水分和气体的能力，使油的耐电强度提高。总的来说，细而分散的碳粒对油的耐电强度影响不明显，但碳粒（再加吸附了某些水分和杂质）逐渐沉淀到电气设备的固体介质表面形成的油泥易造成绝缘油沿固体介质表面放电，同时也影响散热。

（5）含气量。绝缘油能够吸收和溶解相当量的气体，其饱和溶解量主要由气体的化学成分、气压、油温等因素决定。常压下气体在变压器油中的饱和溶解度见表4-1，表中的溶解度以体积记。

表4-1　　　　常压下气体在变压器油中的饱和溶解度

温度＼气体	N_2	O_2	H_2	CO_2	CO	CH_4
25℃	8.48%	15.62%	5.1%	99.1%	18.6%	38.1%
80℃	9.16%	14.85%	6.9%	56.6%	15.3%	16.4%

绝缘油吸收并溶解气体后，对油的物理、化学、电气性能产生不同程度的影响。一般来说，气体是以分子状态溶解在油中的，在短时间内对油的性能影响不大，其主要影响是使油的黏度和耐电强度稍有降低。但是当温度、

压力等外界条件有某种改变时，溶解在油中的气体可能析出成小气泡，导致局部放电，加速油的老化。油中溶解的氧气也会与油分子发生化学反应使油氧化，从而加速了油的老化。

2. 电压作用时间的影响

不论对较均匀电场或不均匀电场，变压器油的击穿电压都随电压作用时间的增大而减小。在电压作用时间小于 1000μs 时，即在冲击电压下，变压器油只可能发生电击穿，击穿电压随电压作用时间变化的规律与气体介质的伏秒特性相似。电压作用时间超过 1000μs 时，则发生热击穿过程。随着电压作用时间的增长，击穿电压又有显著的下降，当作用时间达到几分钟时，击穿电压达到稳定值。击穿电压与时间的关系曲线如图 4-13 所示。

在工频电压作用下，油的击穿电压与升压速度有关，故试验标准中对升压速度也有规定。如果逐级升高电压，则击穿电压与电压逐级维持时间也有关。一般来说，电压维持时间为 1min 时的击穿电压已经与持久作用时的击穿电压相差很少，故常以 1min 作为逐级电压维持时间的标准。

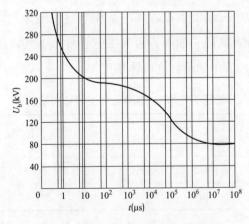

图 4-13　击穿电压与时间的关系曲线

3. 电场均匀程度

如果油的品质很好，那么改善电场均匀度能使工频、击穿电压提高很多。

反之，在品质较差的油中，均匀的电场会因为油中杂质的聚集与排列导致电场发生畸变而变不均匀，不均匀电场会因为局部强电离和剧烈扰动导致杂质很难形成"小桥"。改善电场均匀程度的好处并不显著，因此，如果考虑到充油电气设备中的油在运行中可能变脏，则在考虑工频或直流耐压时，油中绝缘距离应按极不均匀电场考虑。

在冲击电压作用下，因"小桥"来不及形成，无论电场均匀与否，杂质对击穿电压的影响都很小，故改善电场的均匀度可以提高油隙的冲击击穿电压。

4. 温度的影响

变压器油击穿电压随温度的变化关系很复杂。在0℃以上时，随温度的升高，受潮的变压器油的击穿电压增大，但当温度上升到80℃以上时，由于水分蒸发产生很多气泡反而使击穿电压降低。在0℃以下时，随着温度的降低，油中水分结成冰粒，使其击穿电压又慢慢增加。非常干燥的油的击穿电压随着温度的升高单调地降低。

5. 压强的影响

当油中含有气体时，其工频击穿电压随压强增强而升高。因为当压强增强时，液体介质中气体的溶解量大致成比例增加。如在密封式设备温度和压强互相关联时，温度上升压强亦增加，气体溶解量上升，工频击穿电压也随之提高。反之，如果压强突然降低，溶解在油中的气体析出成气泡，击穿电压将明显下降。

如果变压器油经过脱气处理，则其击穿电压与压强关系不明显。

6. 油隙宽度的影响

实验研究表明，变压器油间隙的宽度对击穿场强有影响。随着油间隙的宽度增加，击穿场强降低。当油间隙的距离一定时，如果在这个油间隙中用绝缘隔板将这个间隙分割成几个小间隙，则总击穿电压将会显著提高，亦即随着间隙宽度的减小，击穿场强增高。在实际的变压器的绝缘结构中，常常采用浸于油中的绝缘纸筒或纸板将绕组间的油间隙分割成若干个小油间隙，以提高总击穿电压。

四、提高液体介质击穿电压的方法

油中的杂质对油间隙的击穿电压有较大影响，因此减少油中的杂质并设法降低杂质对击穿电压的影响是提高液体介质击穿电压的主要方法。

1. 减少液体介质中的杂质

（1）压力过滤法。压力过滤法是最方便和最通用的一种方法。将油在压力下连续通过滤油机中大量事先烘干过的滤纸层，油中的纤维、碳粒等杂质被滤纸阻挡而除去，油中大部分水和有机酸等也被滤纸所吸附。如果先在油中先加入一些白土、硅胶等吸附剂用于吸附油中的杂质，然后再过滤，则效果更好。

（2）真空喷雾法。将油加热，通过喷嘴在真空室中化成雾状，油中所含的水分和气体挥发并被抽去，然后在真空条件下将油注入电气设备中，这样不会使油重新混入气体，且有利于油渗入电气设备绝缘的微细空隙中。

（3）吸附剂法。充油的电气设备在制造、检修及运行过程中都必须采取措施以防止水分侵入。浸油前要采用抽真空或烘干的方法去除绝缘部件中的水分，检修时要尽量减少内绝缘暴露在空气中的时间，运行中内绝缘一般要与大气隔绝，当考虑其他原因不能完全与大气隔绝时，要在空气进口处采用带有干燥剂的呼吸器等，防止潮气与油面直接接触。

2. 采用固体介质降低杂质的影响

（1）覆盖。在曲率半径较小的金属电极上覆以一层很薄的固体绝缘材料，如电缆纸、黄蜡布、漆膜等，它虽然不会显著改变油中的电场分布，但能起到切断杂质小桥、限制泄漏电流的作用，从而可提高油间隙的击穿电压。

该方法主要用在电场比较均匀的场合，且油中所含的杂质越多，电压作用时间越长，提高击穿电压的效果也越显著。

（2）绝缘层。在曲率半径很小的电极上包缠较厚的电缆纸等固体绝缘材料能改善油中的电场分布，从而提高击穿电压。其作用原理是原电极附近强场区中的油由绝缘层所替代，绝缘层本身因介电常数比油大，交流下分担的电压小，而耐电强度又高，不易发生局部放电，绝缘层表面油中的最大场强也因曲率半径的增大而下降，油中的电场得到了改善，从而整个间隙的击穿电压得以提高。固体绝缘层的厚度应做到使绝缘层外缘处油中的场强减小到不发生电晕或局部放电的程度。

这种方法的原理是改善电场分布，所以一般只用于极不均匀的电场中。

（3）屏障。在油间隙中放置厚度 1~3mm 的层压纸板或层压布板屏障，一方面在电场较均匀时能起到切断杂质小桥的作用；另一方面在电场极不均匀时又能像气体间隙那样，利用击穿前电晕放电所产生的空间电荷改善电场分布，从而可提高油间隙的工频击穿电压。

屏障与电力线垂直布置时效果最好，所以屏障的形成应根据电极形状确定，如变压器中采用圆筒形、角环形。另外，为防止绕过屏障边缘而发生放电，屏障的面积应足够大，最好能包围电极。

第三节 固体介质的绝缘特性

在电气设备中固体绝缘材料应用很广泛，如环氧树脂、云母、橡胶、电瓷等。与气体液体介质相比，固体介质通常具有更高的击穿电压。固体介质的击穿有电击穿、热击穿和电化学击穿等形式。固体介质一旦发生击穿，构成永久性破坏后，其绝缘性能往往不能恢复。随着新工艺、新材料的不断革新发展，固体绝缘材料的绝缘性能不断提高，这对电气设备的安全运行起到重要作用。

一、固体绝缘材料的种类及特性

1.固体绝缘材料的种类

固体绝缘材料一般可以分为天然材料和人造材料、有机物和无机物等。根据固体介质的物质结构，按其在电场作用下的极化形式又可分为非极性或弱极性介质、极性介质和离子型介质。

木材、云母、石棉和橡胶等属于天然材料。电瓷、玻璃、电木、各类塑料等属于人造材料。其中木材、橡胶等属于有机物；电瓷、玻璃等则属于无机物。

2. 电介质的极化和相对介电常数

（1）电介质的极化。任何介质都是由分子或离子构成的。构成分子的原子则由具有正电荷的原子核和带负电的电子所构成。正、负电荷的电荷量相等，且作用中心重合，即不存在电矩，对外部呈中性。但在外电场作用下，原子中的电子运行轨道发生了变形位移，电子负电荷的作用中心与原子核的正电荷不再重合，形成电矩。

在外加电场作用下，电介质中的正、负电荷沿着电场方向做有限的位移或转向，形成偶极矩，这种现象称为电介质的极化。由电子位移形成的极化称为电子式极化；由正、负离子相对位移形成的极化称为离子式极化。电子式极化和离子式极化的极化过程所需时间很短，属于弹性极化，几乎没有能量损耗。

有些电介质的分子结构与上述不同，即使在没有外电场作用的情况下，正、负电荷的作用中心也不重合。就其单个分子而言形成一个永久性的偶极矩，称为偶极子。这种具有永久性的偶极子的电介质称为极性电介质。在无外电场作用时，各个偶极子处于不规则的热运动中，排列混乱，其极性相互抵消，整个电介质对外不呈现极性。在出现外电场作用时，原来杂乱排列的偶极子受到电场力的作用发生转向，沿电场方向定向排列，整个介质对外呈现极性。这种极性电介质在外电场作用下，由偶极子分子的转向形成的极化称为偶极子式极化。

除了电子式极化、离子式极化、偶极子式极化外，还有空间电荷极化和夹层式极化。各种电介质中多少都存在一些可迁徙的电子或离子（称为带电质点），这些带电质点在电场作用下移动积聚在电极附近的介质界面上，形成空间电荷，这种极化称为空间电荷极化。夹层极化是指几种不同电介质组成的多层复合绝缘在外电场作用下，各层电介质都要发生极化，但由于彼此极化程度并不相同，因此在各层介质的分界面上出现电荷积聚，这一过程称为夹层式极化。

极性介质中偶极子式极化和复合介质中的夹层式极化属于非弹性极化，

极化过程所需时间较长，并伴随有能量损耗。

（2）相对介电常数。由于极板间的电介质在外电场作用下会发生极化，在电介质表面会出现与极板上充电电荷极性相反的束缚电荷，在极板充电电压不变的情况下，必须再从电源吸取与该束缚电荷等量的充电电荷，以保持极板间的电场强度不变，即在极板面积 S 和极板间距离 d 不变的情况下，增加了极板间的电容量 C。电介质的极化特性愈强，由其构成的电容器的电容量也愈大。电介质极化特性的强弱用相对介电常数 ε_r 表示，ε_r 愈大，由其构成的电容器的电容量也愈大。常用电介质的介电常数见表 4-2。

表 4-2　　　　　　　　　　常用电介质的介电常数

材料类别		名称	相对介电常数 ε_r（工频，20℃）
气体介质（标准大气条件）		空气	1.00058
液体介质	弱极性	变压器油 硅有机液体	2.2~2.5 2.2~2.8
	极性	蓖麻油 氯化联苯	4.5 4.6~5.2
	强极性	丙酮 酒精 水	22 33 81
固体介质	中性或弱极性	石蜡 聚苯乙烯 聚四氟乙烯 松香 沥青	2.0~2.5 2.5~2.6 2.0~2.2 2.5~2.6 2.6~2.7
固体介质	极性	纤维素 胶木 聚氯乙烯	6.5 4.5 3.0~3.5
	离子性	云母 电瓷	5~7 5.5~6.5

　　研究电介质的极化特性对提高电气设备的电气性能有十分重要的意义。在制作电力电容器时，为了获得较大的电容量，而又尽量减小电容器的体积和质量，应选取相对介电常数大的绝缘介质。而对于其他电气设备，一般应选择相对介电常数小的材料作为绝缘介质，以减小运行时的电容电流和由极化引起的发热损耗。

　　3. 固体电介质的物理化学性能

　　各类固体绝缘材料的性能差别很大，其绝缘强度、体积电阻率、相对介电系数、介质损失等都不相同。除了这些电气性能外，其他物理和化学性能也很重要，如电线电缆绝缘用得较多的普通聚氯乙烯（PVC）的允许最高温度为70℃，考虑到电缆缆芯处导体的温度要比电缆外皮的温度高出10~15℃，电缆外皮的温度必须限制不超过60℃。为了适应高温环境，就不能使用普通聚氯乙烯绝缘电力电缆，而应选用耐热聚氯乙烯绝缘（最高工作温度90℃）或交联聚乙烯（XLPE）绝缘（最高工作温度90~105℃）电力电缆，或者选用乙丙橡胶（EPR）绝缘（最高工作温度90℃）电力电缆。

　　普通聚氯乙烯的耐寒性也较差，在低温 –20℃以下就不宜使用。另外，普通聚氯乙烯在火灾事故时会逸出大量氯化氢等有毒烟气，妨碍消防工作，加剧火势蔓延，而且烟气的沉淀物有导电和腐蚀性，对电气装置还产生二次危害。因此，有防火和防毒要求的场所就不能使用聚氯乙烯绝缘电力电缆，而选用交联聚乙烯、聚乙烯或乙丙橡胶等绝缘不含卤素的电缆。

　　交联聚乙烯绝缘既能使用在 60℃以上的较高温度环境，也能使用在 –20℃以下的较低温度环境，因此交联聚乙烯电力电缆逐渐得到广泛采用。但是普通交联聚乙烯电力电缆的耐水性较差，在强电场的作用下，交联聚乙烯绝缘可能会出现水树现象（由水分在绝缘结构中形成弯曲的树枝状放电），使绝缘击穿损坏，影响安全运行。为了防止交联聚乙烯电缆因水树现象而出现事故，应尽量消除绝缘材料中水分、杂质，并防止水分渗入绝缘和导体的夹层中。因此提倡采用干式交联制造工艺和内、外半导体与绝缘层三层共挤的制造工艺生产交联聚乙烯电力电缆，从而防止交联聚乙烯绝缘接触水分引起水树现象。

可见，固体绝缘材料的物理化学性能对电气设备的安全运行有十分重要的意义，而新材料新工艺的不断革新对提高电气设备的安全运行起到重要作用。

二、固体绝缘击穿的三种形式

在固体电介质上施加电压，当电压较低时，电介质中电流不大，随着电压增加，电流也将增加；当电压增加到某一临界值时，电流剧增，电介质失去绝缘性能，这种现象称为固体电介质的击穿。导致击穿的最小临界电压称为击穿电压，击穿电压除以电介质的厚度称为平均击穿场强。

与气体和液体电介质不同，固体电介质在击穿过程中出现熔化或烧焦的通道，形成机械损伤，在以后施加不高的电压时，它们就会被击穿，不能再承受原先电压的作用。

固体电介质的击穿过程及击穿电压与电介质的性质、电场的分布、周围温度、散热条件、加压速度以及加电压时间等很多因素有关。情况不同，固体电介质的击穿发展过程也不同。固体电介质的击穿机理主要有电击穿、热击穿、电化学击穿三种不同形式。

1. 电击穿

类似于气体介质，由于电场的作用使介质中的某些带电质点积聚的数量和运动的速度达到一定程度，从而使介质失去了绝缘性能。电击穿是固体介质中存在的少量自由电子在强电场的作用下产生碰撞游离，最后导致击穿。电击穿的发展过程极快，环境温度对其无影响。

2. 热击穿

热击穿是固体介质在电场作用下，由于介质损耗使绝缘内部发热，由于发热量大于散热量，温度持续上升，最终导致绝缘损坏击穿。热击穿与环境温度、电压作用时间及电压频率都有关系。环境温度越高，电压作用时间越长，击穿电压越低。电压频率越高，绝缘的介质损耗越大，击穿电压越低。

固体绝缘受潮含水量增大时，由于介质损耗增大，泄漏电流增大，很容易出现热击穿。

3. 电化学击穿

电化学击穿是由于电极边缘、电极和绝缘接触处的气隙或者绝缘内部存在气泡等发生电晕或局部放电引起电离、发热和化学反应等因素综合作用而导致的击穿。如变压器油、电缆、套管等往往因含气泡发生局部放电导致击穿，而在有机介质内部（如油浸纸、橡胶等），气泡内持续的局部放电会产生游离生成物，如臭氧及碳水化合物等，从而引起介质逐渐变质和劣化。电化学击穿与介质的电压作用时间、温度、电场均匀程度、累积效应、受潮、机械负荷等多种因素有关。

实际上，上述三种击穿形式往往同时存在的。一般来说，介质损耗大、耐热性差的绝缘介质，处于工作温度高、散热又不好的条件下，热击穿的概率较大。单纯的电击穿只有在非常纯洁和均匀的绝缘介质中才有可能存在，或者电压非常高而作用的时间又非常短，如在雷电和操作波冲击电压下的击穿基本属于电击穿。固体介质的电击穿强度要比热击穿高，而放电击穿强度则取决于介质中的气泡和杂质，因此固体介质由电化学引起击穿时，击穿强度不但低，而且分散性较大。

三、影响固体介质击穿电压的因素

1. 温度的影响

固体介质的击穿电压与周围环境温度密切相关，随着温度的升高，固体介质的击穿电压迅速下降。特别是有些固体绝缘介质，如电瓷件，当温度超过一定数值后，击穿电压随温度升高而下降，而且分成两个显著不同的区域。交流电压下电瓷件的击穿电压与周围温度的关系如图 4-14 所示，当温度低于 90℃时，击穿电压不随温度的变化而变化，实际上与温度无关；当温度高于 90℃时，击穿电压随温度升高而迅速下降。很明显，在两个区域内固体介质的击穿机理是不同的。在高温区域的击穿带有热击穿的特点，而低温区域的击穿和热过程关系较少，是电击穿过程。不少固体绝缘材料也都具有类似的性质。

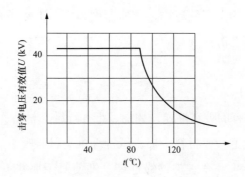

图4-14　交流电压下电瓷件的击穿电压与周围温度的关系

2. 电压作用时间的影响

固体绝缘材料的击穿电压与电压作用时间有显著的关系，且存在明显的临界点。若电压作用时间很短就被击穿（微秒级），则这种击穿很可能是电击穿。若电压作用时间较长才引起击穿，则热击穿往往是重要因素。如果电压作用时间特别长，如长达几十小时甚至几个月才击穿，则一般属于电化学击穿。固体介质击穿性质与电压作用时间的关系如图4-15所示。

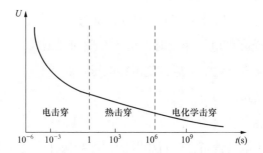

图4-15　固体介质击穿性质与电压作用时间的关系

3. 电场均匀程度和介质厚度的影响

在不均匀电场中，固体介质的击穿电压比均匀电场中低得多，电场越不均匀，击穿电压越低。特别是电击穿的击穿电压与电场均匀程度密切相关。在均匀电场中，在电击穿领域内，不论所加电压的性质和作用时间的长短，击穿场强与介质厚度几乎无关，而且在此情况下，击穿场强的冲击系数约为1。在均匀电场中，在热击穿领域内，介质厚度越大，击穿场强就越小。在不均匀电场中，即使在电击穿领域内，随着介质厚度的增大，平均击穿场强仍将减小。

4. 湿度的影响

固体绝缘材料有的吸水性强，如棉、纸等纤维类材料；有的不容易吸潮，如聚四氟乙烯等化工合成材料。棉、纸等纤维类材料吸水后其导电率和介质损耗迅速增加，几乎完全丧失绝缘性能。即使对于那些不容易吸潮的材料，受潮后的耐电强度也大大下降。因此，高压绝缘件在制造时要采取烘干等措施，在运行中也要注意防止受潮，并定期检查受潮情况。

5. 电压种类的影响

同一种固体绝缘材料在承受交流、直流或冲击电压等不同电压的作用时，其击穿电压常常不同。直流电压作用下的击穿电压高于高压工频交流电压下的击穿电压，因为由于直流电压下的介质损耗仅为电导损耗，而工频交流电压下的损耗还存在极化损耗。如同一根电缆的直流耐压约为交流耐压的3倍。因为直流不会引起介质损耗，因此直流击穿电压要比交流击穿电压高。冲击电压由于作用时间短，因此击穿电压高于工频交流击穿电压。

固体绝缘承受高频电压作用时，由于介质损耗增大，而且电离强烈，因此容易引起热击穿或电化学击穿，使击穿电压降低。

6. 机械负荷的影响

对均匀和紧密的固体介质来说，在弹性形变范围内，击穿电压与其机械形变无关。但如果电气设备在运行中其固体绝缘构件受到较大的应力或振动，当固体绝缘因此而出现裂缝时，其击穿电压显著下降。有机固体介质在长期运行中因热、化学等作用而逐渐发脆，遇到较大的机械应力时就可能裂开或松散，如在这些裂纹中充有污浊物或裂纹受潮，击穿电压可能下降更多。因此应该根据具体运行条件，选择具有足够机械强度的固体绝缘构件，而且电力设备要注意散热，避免长期过负荷运行。

7. 局部放电和积累效应的影响

固体介质在脉冲电压作用下，存在不完全击穿现象。有时外加电压虽然很高，但时间很短，虽然在绝缘结构中已出现轻微的局部放电，但没有形成贯穿性的击穿通道，因此没有被击穿，但是绝缘内部已受伤。如果多次受到高电压作用，这种内部损伤越来越厉害，将会产生积累效应，最终使击穿电压大大下降。因此在确定电气设备的试验电压和试验次数时要注意这种积累效应，设计中要保证一定的绝缘裕度。

四、提高固体介质击穿电压的方法

1. 改进绝缘设计

采用合理的绝缘结构，使各部分绝缘所承受的场强与其耐电强度相匹配；对多层性绝缘结构，可利用多层电容屏达到均压作用。改善电极形状及表面光洁度，尽可能使电场分布均匀；改善电极与绝缘体的接触状况，消除接触处的气隙或采用短路的方法消除气隙的电位差；改进密封结构，提高密封可靠性。

2. 改进制造工艺

通过精选材料、改善工艺、真空干燥、加强浸渍（油、胶、漆等）等方式尽可能地清除固体介质中残留的杂质、气泡、水分等，使固体介质内部均匀致密。

3. 改善运行条件

注意防潮，防止尘污和各种有害气体侵蚀，加强散热冷却，加强高温高负荷时的巡视等。

参考题

一、单选题

1. 在外电场的作用下，原子中的电子运行轨道发生了变形位移，电子负电荷的作用中心与原子核的正电荷不再重合，形成（　　）。

A. 电子式极化　　　　　　B. 离子式极化　　　　　　C. 分子式极化

2. 光辐射引起的气体分子的电离称为（　　）。

A. 碰撞电离　　　　　　　B. 光电离　　　　　　　　C. 热电离

3. 不需要外界其他电离因素，而仅依靠电场本身的作用就能维持的放电称为（　　）放电。

A. 自持　　　　　　　　　B. 非自持　　　　　　　　C. 自激

4. 操作冲击击穿电压随波前时间 T_1 的变化呈（　　）。

A. 上升曲线　　　　　　　B. 下降曲线　　　　　　　C. U 形曲线

5. 固体介质中存在的少量自由电子在强电场的作用下产生碰撞游离，最后导致击穿，此击穿称为（　　）。

A. 电击穿　　　　　　　　B. 热击穿　　　　　　　　C. 电化学击穿

6. 当固体绝缘受到较大的应力或振动而因此出现裂缝时，其击穿电压将（　　）。

A. 显著下降　　　　　　　B. 显著提高　　　　　　　C. 基本不变

7. 人工合成绝缘油多用于（　　）作为浸渍剂。

A. 高压电容器　　　　　　B. 变压器　　　　　　　　C. 断路器

8. 变压器油中含有空气、水分和纤维杂质时，在电场作用下，由于极化等原因，这些杂质按电场方向排列形成（　　）。

A. 绝缘通道　　　　　　　B. 隔离层　　　　　　　　C. 导电"小桥"

9. 试验表明，变压器油间隙的宽度对击穿场强有影响，随着油间隙的宽度增加，击穿场强（　　　）。

A. 降低 　　　　　　　　B. 提高 　　　　　　　　C. 不变

二、判断题

1. 根据变压器油辛烷值的不同，可分为 10、25 和 45 三个牌号。（　　　）

2. 均匀电场气隙中一旦出现自持放电，间隙将立即击穿。（　　　）

3. 在直流电压作用下的棒 – 板间隙，板极附近的电场强度最大。（　　　）

4. 典型雷电冲击电压波形的参数可用符号 +1.2 /50μs 表示。（　　　）

5. 固体电介质不均匀电场的击穿电压与均匀电场的相比要低。（　　　）

6. 固体电介质的种类可分为天然材料和人造材料、有机物和无机物等。（　　　）

7. 极性电介质在外电场作用下，由偶极子分子的转向形成的极化称为离子式极化。（　　　）

8. 牌号为 DB–10 的变压器油可用于气温不低于 –5℃的地区作为户外断路器、油浸电容式套管和互感器用油。（　　　）

9. 在电场作用下，变压器油的击穿过程可以用"小桥"理论来解释。（　　　）

组合绝缘的耐电特性

在电气设备的绝缘结构中，为了获得所需要的绝缘性能，一般采用两种或两种以上的绝缘介质组合在一起形成组合绝缘。本章主要介绍了油纸组合绝缘的耐电性、油纸组合绝缘在交直流电压作用下的不同特点、组合绝缘的吸收现象等。为了正确判断电气设备的绝缘状况，在对电气设备进行绝缘试验时，要了解并掌握电气介质的绝缘性能及影响介质击穿的因素，针对不同的绝缘介质采用不同的试验手段。

第一节　油纸组合绝缘的耐电性

　　油纸组合绝缘是由浸透绝缘油的纸层和纸层间缝隙内的油层两部分组成的组合绝缘。其优点是具有良好的电气性能，不仅原料丰富、制作简便、成本低廉，而且具有很高的耐电强度，因此被广泛应用于高压设备中。其主要缺点是耐热性能低，一般最高工作温度低于 105℃，且容易吸收空气中的水分而受潮，因而电气绝缘性能降低。因此油纸组合绝缘设备在制造时必须经过干燥处理，对于较高电压的设备必须进行真空干燥，并在注油浸渍时采取真空注油，以便尽可能彻底地清除油纸组合绝缘中的水分和空气。油纸组合绝缘中的纸在油中起屏蔽作用，而油则填充了纸中的空隙，因此耐电强度极高。影响击穿电压的因素很多，如电压作用时间、介质厚度、温度和是否出现局部放电都对油纸组合绝缘的击穿电压有很大影响。

一、电压作用时间的影响

　　油纸组合绝缘的耐电性能与电压作用时间有关，短时击穿电压与长时间击穿电压相差很大，如油纸组合绝缘电气设备雷电冲击耐受电压（峰值）一般是短时工频耐受电压（1min，有效值）的 2.1~2.3 倍。油纸组合绝缘的击穿过程实际上就是在强电场作用下油纸组合绝缘内部发生游离现象，如果游离进一步发展，使绝缘完全破坏，则就形成击穿短路。一般电压作用时间小于 2h，随作用时间的缩短击穿电压显著升高；超过 2h 后，击穿电压逐渐趋于稳定，此时击穿电压与电压作用时间长短无关。良好的油纸组合绝缘通常在适当的真空度下进行浸渍，浸渍良好的油纸组合绝缘中并不存在单独气泡，它的起始游离通常是由绝缘中油层的局部放电引起的，这里的起始游离是指不稳定游离。当绝缘上的电压升高到某一数值时，绝缘中会发生微弱的游离现象，此时如将电压降到稍低于出现游离的电压，则游离现象就自然消失。短时间的起始游离不会使绝缘有明显的破坏。只有当油纸组合绝缘上承受的过电压大于起始游离电压，而且作用时间足够长时，才有可能发生绝缘击穿。过电压数值愈大，油纸组合绝缘所能承受的时间也愈短，击穿发生愈快。

二、局部放电的影响

油纸组合绝缘的击穿过程与绝缘中油层的局部放电有关。油纸组合绝缘长时耐电强度在很大程度上取决于局部放电。局部放电可能在纸层中的气隙或板极边缘电场集中处发生，对浸渍或有机薄膜产生热、电、化学腐蚀破坏作用，十分有害。一般油纸组合绝缘在两倍额定电压下不会发生游离。

三、温度的影响

油的黏度随温度的变化而变化，并因此对短时耐电强度产生影响。温度较低时，黏度较高，带电粒子运动困难，短时耐电强度提高。温度提高后可能出现热击穿或加速绝缘老化过程，从而导致长时耐电强度下降。因此油纸组合绝缘设备在运行中要特别注意通风冷却并进行温度监视，避免因过热而引起绝缘事故。

四、介质厚度和介电系数的影响

电极间油纸组合绝缘的厚度和纸层的介电系数对油纸组合绝缘的基础场强也有影响。油纸组合绝缘愈厚，电场也就愈不均匀，局部放电起始电压也就愈低。如总厚度不变，每层纸愈薄，则放电愈不易发展，局部放电起始电压也就愈高。在同样电压下，纸层间的油膜场强愈低，愈不容易发生游离放电。因此，高压并联电容器的浸渍尽量采用耐电强度和介电系数都高的人工合成油，可以达到增加电容量，减小油膜的电场强度分布，提高局部放电起始游离电压，提高油纸组合绝缘的耐电强度的目的。

第二节 油纸组合绝缘在交直流电压作用下的不同特点

油纸组合绝缘在交流和直流电压作用下其击穿电压并不一样，油纸组合绝缘在直流电压下的耐电强度一般是交流电压耐电强度的两倍多。

油纸组合绝缘在交流和直流电压作用下，其电压分布规律是不同的。油纸组合绝缘等值电路如图 5-1 所示，在等值电路中，油层和纸层都看作是一个电容，其等值电容分别以 C_Y 和 C_Z 表示；同时，油层和纸层也都有电导，其等值电阻分别以 R_Y 和 R_Z 表示。

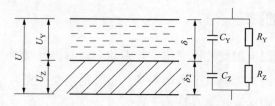

图 5-1 油纸组合绝缘等值电路

C_Y、C_Z—油层和纸层的等值电容；U_Y、U_Z—油层和纸层等值电阻

在交流电压作用下，流过绝缘的电容电流比电导电流大得多，因此电压分布可近似按与电容量成反比计算，以 U_Z、U_Y 分别表示纸层和油层上的电压，则有

$$\frac{U_Z}{U_Y} = \frac{C_Y}{C_Z} \qquad (5-1)$$

因此，在交流电压作用下，油层的电场强度比纸层中的电场强度高出很多。但在直流电压作用下情况有所不同。在直流电压作用下绝缘中只有电导电流，电压按与电阻成正比分布，即

$$\frac{U_Z}{U_Y} = \frac{R_Z}{R_Y} \qquad (5-2)$$

在交流电压作用下，油纸组合绝缘中的油层电场强度比纸层电场强度高，而在直流电压作用下，油层的电场强度只有纸层的 1/2，两种情况下绝缘介质受到的电场强度完全不同。其他绝缘介质组成的复合绝缘的电压分布也有类似情况，只不过介质的介电常数 ε_r 和电阻系数 ρ 不同，电场强度不均匀的程度大小不同而已。

由以上分析可知用直流电压来检查绝缘与交流电压是不同的。它们之间没有简单的换算关系，而且直流电压检查出的缺陷也常常与交流电压不同。预防性试验中一般不能简单地用直流电压试验来代替交流电压试验。

第三节　组合绝缘的吸收现象

本节以双层介质的极化为例来说明组合绝缘的吸收现象，双层介质极化等值电路图如图 5-2 所示，其双层介质是由两种不同介质重叠成的组合绝缘。设一介质的介电系数为 ε_1、电阻系数为 ρ_1，而另一介质的介电系数为 ε_2、电阻系数为 ρ_2。在图 5-2（b）的等值电路图中分别以电容 C_1、电阻 R_1 表示介质 1 的等值电容和等值电阻，以电容 C_2、电阻 R_2 表示介质 2 的等值电容和等值电阻，并表示出了它们之间的并串联关系。

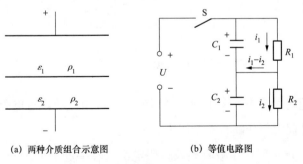

(a) 两种介质组合示意图　　　　(b) 等值电路图

图 5-2　双层介质极化等值电路图

由于两种电介质的电性能不同，设 $C_1 < C_2$、$R_1 < R_2$，则 $C_1/C_2 \neq R_2/R_1$。当开关 S 断开时，介质上没有电压；合上开关，介质上会突然出现一个直流电压。介质从加上直流电压到电流和电压达到稳定值的过渡过程，就是最初电压按电容分配、最后按电阻分配的过渡过程。这个过渡过程的特点如下：

（1）累积过剩的自由电荷。从等值电路来看，这是一个经过一层介质的电阻向另一层介质的电容充电的过程，在两层介质的交界面上会累积过剩的自由电荷，这个自由电荷称为吸收电荷。

（2）吸收电流衰减。从合上开关到电路稳定，整个过程中电源供给的电流是逐渐衰减的，最后趋于稳定电流 I_∞，双层介质的电流变化曲线（吸收曲线）如图 5-3 所示。电流衰减的速度取决于电容和电阻。电气设备的容量和尺寸愈大，电容 C_1 和 C_2 愈大，电流衰减愈慢；绝缘质量愈好，电阻 R_1 和 R_2 愈大，电流衰减也愈慢。由于绝缘介质的电阻都比较大，所以良好的油浸纸绝缘大容量设备吸收电流的衰减过程所需时间很长，少则几十秒，多则几十分钟。

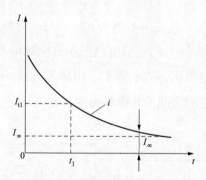

图 5-3　双层介质的电流变化曲线（吸收曲线）

（3）伴随能量损失。从上面叙述可知，吸收电流要经过电阻向电容充电，所以在整个过程中都伴随有能量损失。

（4）均匀介质不存在吸收现象。假定组合在一起的两种介质具有不同的电性能，由此构成的组合绝缘属于不均匀介质，只有不均匀介质才具有吸收现象。

（5）绝缘介质的吸收现象是可逆的。在对组合绝缘施加直流电压时，吸收积聚在介质内部的电荷，在介质两端失去电压后还能缓慢地放出。由于吸收电荷的释放比较缓慢，有时为了测试的正确性，也为了人员的安全，必须将被试品接地短路放电 1~2min 甚至更长时间，才能将被试设备组合绝缘中的吸收电荷彻底放尽。

参考题

一、判断题

1. 油纸组合绝缘是由浸透绝缘油的纸层和纸层间缝隙内的油层两部分组成的组合绝缘。（   ）

2. 油纸组合绝缘的耐电性主要受电压作用时间、局部放电、温度、介质厚度和介质系数的影响。（   ）

3. 在交流电压作用下和在直流电压作用下，绝缘介质受到的电场强度完全相同。（   ）

4. 预防性试验中一般不能简单地用直流电压试验来代替交流电压试验。（   ）

5. 经过一层介质的电阻向另一层介质的电容充电，在两层介质的交界面上会累积过剩的自由电荷，这个自由电荷称为吸收电荷。（   ）

6. 绝缘介质的吸收现象是不可逆的。（   ）

电气试验常用仪器

本章主要介绍了电气试验中常用的仪器设备，包括绝缘电阻表、直流电阻测试仪器、介质损耗角测试仪器、电力变压器变比测试仪器、耐压试验设备等仪器设备的原理、分类、使用方法及注意事项等。

第一节 绝缘电阻表

测量电气设备的绝缘电阻是检查绝缘状态的最基本最便捷的方法，也是现场工作中最常使用的方法。绝缘电阻能灵敏地反映设备绝缘情况，可有效地发现设备绝缘局部或整体受潮及表面脏污、绝缘击穿和过热老化等缺陷。绝缘电阻表俗称兆欧表，是测量绝缘电阻的专用仪器，按输出电压等级分有500、1000、2500、5000V 等几种；按结构通常可分为手摇式、电动式（晶体管式）、数字式三大类。

一、绝缘电阻表的分类

1. 手摇式

手摇式绝缘电阻表如图 6-1 所示，其主要用手摇发电机作为电源、用磁电式流比计作为测量机构。

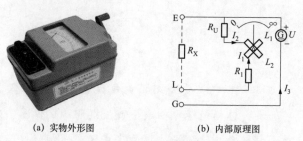

(a) 实物外形图　　　　　(b) 内部原理图

图 6-1　手摇式绝缘电阻表

图 6-1（b）中，L 端子为线路端子，输出负极性直流高压，测量时接在被试品的高压导体上；E 端子为接地端子，输出正极性直流高压，测量时接在被试品的外壳或接地线上；G 端子为屏蔽端子，输出负极性直流高压，测量时接在被试品的屏蔽环上，以消除表面或其他非测试部分的泄漏电流的

影响。

常用的手摇式绝缘电阻表是 ZC-7 型，其优点是简单易携、使用方便，但是其输出电压难以保持恒定，尤其是测量大容量设备极化指数时，需要手摇 10min，且手摇转速也难以保持在额定值，操作十分费力，在现场测量中已经被淘汰，但作为各类绝缘电阻表计的基础，有必要理解掌握其基本工作原理。

2. 电动式（晶体管式）

随着半导体技术的发展运用，利用 4~8 节 1.5V 电池，即 6~12V 的干电池提供直流电压，经整流稳压、倍压装置升压稳定至所需测试电压。电动式绝缘电阻表的测量机构是一个电流表头。采用干电池作为电源克服了手摇式绝缘电阻表的缺点，常用的电动式绝缘电阻表有 ZC-13、ZC-14 和 ZC-30 等型号。

3. 数字式

数字式绝缘电阻表是将直流电源变频产生直流高压，通过模数转换将各种测试项目和测试结果以数字形式显示出来，表内置充电电池和智能充电模块，可交直流两用。输出电压等级有 500、1000、2500、5000V 等多种，测试范围达 200GΩ 以上，能实现自动化采集、计时、计算和打印，可直接测试吸收比和极化指数。

现场测试大部分使用数字电动式绝缘电阻表，其具有携带方便、操作简单、使用安全，连续测量，能实时显示数据，自动测算吸收比和极化指数等优点。当被试品击穿短路时，仪器有自动短路保护功能，可自动关机，切断高压。同时，仪器电路还有防止电压反冲功能，测试时可先接线后开机，测试结束可先关机后拆线；开机也无须进行短路开路校验。数字式绝缘电阻表外形图如图 6-2 所示。

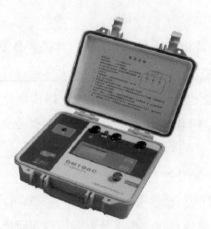

图 6-2 数字式绝缘电阻表外形图

二、绝缘电阻表的负载特性及使用选择

1. 绝缘电阻表的负载特性

绝缘电阻表的容量通常是指绝缘电阻表的最大输出电流。由于最大输出电流通常可通过将绝缘电阻表的两输出端经毫安表短路后测得，因而也称为绝缘电阻表的输出短路电流。

绝缘电阻表的容量对吸收比和极化指数的测试结果有很大影响。若绝缘电阻表的容量小，输出电流小，充电速度慢，则电容较大的被试品所承受的直流电压上升速度慢，从而影响测试结果。

绝缘电阻表的负载特性是指绝缘电阻表所测的绝缘电阻和端电压的关系曲线，绝缘电阻表的负载特性如图 6-3 所示。当被试品绝缘电阻过低时，绝缘电阻表的端电压将显著下降，端电压的下降致使所测的绝缘电阻不能反映设备绝缘的真实情况。

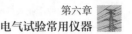
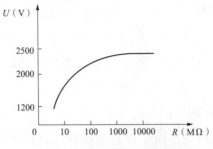

图 6-3　绝缘电阻表的负载特性

2. 绝缘电阻表的使用选择

不同类型的绝缘电阻表，其负载特性也不同；同一被试品用不同型号的绝缘电阻表，测试结果也不一样。绝缘电阻表的精度不应小于 1.5%。

（1）当用于测量吸收比时，应选用最大输出电流 1mA 及以上的绝缘电阻表；当用于测量极化指数时，应选用最大输出电流 2mA 及以上的绝缘电阻表。对电压等级 220kV 及以上且容量为 120MVA 及以上变压器，宜采用输出电流不小于 3mA 的绝缘电阻表。

（2）通常情况下，500V 以下电气设备选用 500V 绝缘电阻表；10kV 以下的电气设备选用 1000V 或 2500V 绝缘电阻表；10kV 及以上的电气设备选用 2500V 或 5000V 绝缘电阻表。同时，对于不同的被试品应考虑绝缘电阻表最大输出电流和量程范围。

（3）在进行低压装置或二次回路的试验时，现场可以用绝缘电阻表输出 2500V 1min 代替耐压试验，低压设备的绝缘电阻通常为 10~20MΩ，输出电压小于 2000V，因而需选用短路电流较大、特性较好的绝缘电阻表。

（4）对同一被试品，应采用相同特性的绝缘电阻表进行试验。

三、绝缘电阻表的使用方法及注意事项

为了保证测试人员、被试设备的安全以及绝缘电阻测量的准确性，测试人员需按照规程标准进行试验，试验步骤主要包括以下几项。

1. 选择绝缘电阻表

绝缘电阻表的输出电压通常有 500、1000、2500、5000V 等几种，在测试工作进行前应根据被试品的额定电压等级、特性和测试部位选择合适的绝缘电阻表，数字式绝缘电阻表可预先确定输出电压。

2. 绝缘电阻表的自检

绝缘电阻表的自检主要用于检查绝缘电阻表是否完好无损，是否经过校验。

手摇式绝缘电阻表的自检方法：将表计平放摇动，在较低转速时，将 L 端子和 E 端子瞬间短接，指针应指向 0；再将 L 端子和 E 端子断开，摇动至额定转速（约 120r/min），指针应指向 ∞。

数字式绝缘电阻表的自检方法：表计平放，将 L 端子和 E 端子短接，打开电源，应显示 0；再将 L 端子和 E 端子断开，打开电源，应显示最大值。

3. 被试品的断电和放电

在试验前，需确认被试设备已经断电，并对其进行充分的放电。对电容量较大的被试品，如发电机、变压器、电缆、电容器等，放电时间不少于 5min，放电过程禁止用手直接接触，应戴绝缘手套、使用绝缘棒等工具。

4. 清洁被试品

用干燥洁净的软布擦拭被试品表面脏污，必要时可用汽油等清洁剂擦拭，以消除表面泄漏电流的影响。

5. 正确接线

按照测量需要进行正确的接线，接好线后需再次检查确认。

6. 测量绝缘电阻

驱动绝缘电阻表达到额定转速或接通电源，待指针稳定或 1min 后，读取绝缘电阻对应阻值。手摇式绝缘电阻表在测量吸收比和极化指数时，需先将绝缘电阻表摇至额定转速，待指针指向 ∞，用绝缘器具将 L 端搭接在被试品测量处，记录 15s 和 60s（极化指数为 1min 和 10min）的绝缘电阻。测量完毕先断开与被试品的接线，再停止摇表，以防被试品电容电流向表计反充电而损坏绝缘电阻表，尤其在大电容被试品中更需注意。

测量绝缘电阻应注意以下事项：

（1）绝缘电阻表的 L 端子和 E 端子严禁对调。

（2）选择合适容量的表计，测量大电容量设备时应选择容量大的绝缘电阻表。

（3）测量大容量设备时，由于最初充电电流较大，绝缘电阻表的显示数值较小，需等待较长时间后，才能得出准确数值。

（4）当测得的绝缘电阻较低时需分析原因。首先应排除环境温度、湿度、被试品表面脏污、感应电压等因素的影响，有必要进行分解试验的应进行分解试验，确定绝缘最低的部分。

（5）注意感应电压的影响。对同杆双回路架空线，当一路带电时，不得测量另一回路的绝缘电阻，以防感应电压损坏表计和危及人身安全；对平行线路，测量绝缘电阻时，需采取一定的屏蔽防护措施后方可测试。

（6）现场试验时为了避免表面泄漏电流的影响，通常加装等电位屏蔽环，屏蔽环的装设位置应靠近 L 端子。

（7）试验前后应对被试品充分放电，尤其是大电容被试品。

（8）对同一型号设备进行历次试验最好使用同型号的绝缘电阻表，以便进行数据的横向纵向比较，必要时应将所测绝缘电阻换算到标准温度下再进行分析。

（9）被试品放电。测试结束后或重新测试前，需要对被试品进行充分放电，对电容量较大的设备，放电时间不少于 5min。

（10）记录数据。记录试验测得的数据，同时还需记录被试品的名称、编号、铭牌信息，大气温度、现场湿度，试验仪器信息、试验人员、日期等内容。

四、影响试验结果的因素

1. 温度的影响

一般情况下，绝缘电阻随温度的上升而减小，因为温度升高时，绝缘介质内部离子运动加剧，绝缘内部的水分及杂质也呈扩散趋势，使得电导增大，从而绝缘电阻降低。因此对同一设备尽可能地在相近温度下测量，以避免温度换算引起的误差。一般规定试验环境温度不小于5℃，被试品温度宜为10~40℃。

2. 湿度及被试品表面脏污的影响

湿度对绝缘电阻的影响很大，空气相对湿度增大时，外绝缘表面吸附很多水分，使表面电导率增加，绝缘电阻降低；当表面形成连通水膜时，绝缘电阻更低。通常在空气湿度不大于80%的条件下进行试验。表面脏污对绝缘电阻影响也很大，试验前应擦拭清洁干净被试品表面。

为了消除湿度及表面脏污的影响，可加装屏蔽环进行测试。屏蔽环可用细铜线或铅丝围扎被试品1~2圈，屏蔽环的安装位置图如图6-4所示，图中A、B、C均为被试品。

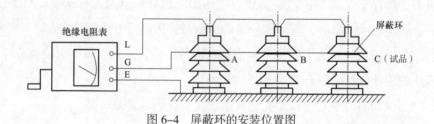

图6-4　屏蔽环的安装位置图

3. 残余电荷的影响

运行的大容量设备停电后的残余电荷或者高压试验造成的残余电荷如在放电时未放尽，会使测得的绝缘电阻不准确。若残余电荷的极性与绝缘电阻表的极性相同，则所测得绝缘电阻偏大；若残余电荷的极性与绝缘电阻表的极性相反，则所测得绝缘电阻偏小。因此，为消除残余电荷的影响，试验前均应对被试品充分放电，大电容设备放电时间不小于5min。

4. 感应电压的影响

由于带电设备与被试设备之间存在电容耦合，被试设备会有一定的感应电压。对同杆双回路架空线，当一路带电时，不得测量另一回路的绝缘电阻，以防感应电压损坏表计和危及人身安全；对平行线路，测量绝缘电阻时，需采取一定的屏蔽防护措施后方可测试。

5. 容量的影响

除了以上几点影响因素，绝缘电阻表的容量也是影响绝缘电阻测量准确性的重要因素，在试验过程中应进行综合排查分析。

五、试验结果分析

试验所得数据应符合标准规定，必要时应将绝缘电阻经温度换算后，与出厂值、历次数据和耐压试验前后的数值进行比较，与同一型号、三相间的数值比较，绝缘电阻不应有显著的降低。

测量绝缘电阻是最基本、最常用的绝缘试验项目之一，通过试验可初步诊断设备的绝缘状况。但是某些严重的集中缺陷在耐压试验中击穿，耐压前的测得的绝缘电阻数值却正常，这是由于这些缺陷没有形成贯穿，因此仅凭测试绝缘电阻并不完全可靠，必要时也可对被试品进行分解试验，将不测量的部分屏蔽，同时结合其他绝缘试验进行综合诊断分析。

第二节　直流电阻测试仪

一、直流电阻测量

直流电阻测量是电气设备试验中常见的测试项目，对判断电气设备导电回路的连接和接触情况起到重要作用。直流电阻的测量方法有直流压降法（电流电压表法）、电桥法、数字式直流电阻测试仪测量法等方法。

1. 直流压降法

直流压降法又称电流电压表法，是测试直流电阻最简单的方法，直流压降法接线图如图 6-5 所示。其原理是在被测电路中通以直流电流，测量两端压降，根据欧姆定律计算出被测电阻。

直流压降法可采用蓄电池、精度较高的整流电源、恒流源等作为直流电源。

压降法虽然比较简便，但准确度不高，灵敏度偏低，现场测试基本不采用此法。

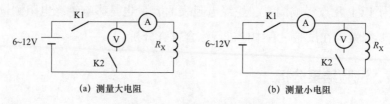

(a) 测量大电阻　　　　　　　　(b) 测量小电阻

图 6-5　直流压降法接线图

K1、K2—隔离开关；R_X—被测电阻

2. 电桥法

电桥法有单臂电桥和双臂电桥两种测量方法。当被测电阻 10Ω 以上时，采用单臂电桥；被测电阻 10Ω 及以下时，采用双臂电桥。例如测量小容量的变压器直流电阻，单臂电桥可采用 4.5V 及以上的干电池作为电源，双臂电桥采用 1.5~2V 的多节并联干电池或蓄电池作为电源，直接测量变压器绕组直流电阻；当变压器容量较大时，用干电池等作为电源，充电时间很长，现在一般均采用全压恒流电源做电桥的测量电源。常用的恒流源有 QHY-5A 型、QHY-7A 型等。

电桥法具有测量准确度高、灵敏度高，并可直接读数等优点。单臂电桥和双臂电桥的使用方法将在下面具体介绍。

3. 数字式直流电阻测试仪测量法

数字式直流电阻测试仪是现场测量直流电阻的主流方法，它采用了先进的开关电源技术，其测量速度比传统电桥快一百多倍，并能根据不同类型的被试品手动或自动选择测试电流，以最快的速度显示测试结果，同时具备了自动消弧功能，且具有存储、打印、放电指示等功能。与传统电桥相比，具有携带及操作方便、测试速度快、测试安全、结果准确等优点。

二、单臂电桥的原理及使用

1. 单臂电桥工作原理

单臂电桥也称惠斯通电桥或惠登电桥，单臂电桥原理图如图 6-6 所示。图 6-7 为 QJ23 型单臂电桥实物盘面布置图。在电桥平衡时，被测电阻

$R_1=KR_3$，其中 K 为倍率，$K=R_2/R_4$，改变电阻的 R_2/R_4 也就改变倍率，倍率可通过倍率切换开关改变。R_3 是用来调节电桥平衡的可变电阻，它是由四个波段开关组装成的可调电阻，如图 6-7 所示这四个可调电阻分别是 $1\Omega \times 9$、$10\Omega \times 9$、$100\Omega \times 9$ 和 $1000\Omega \times 9$，这些可调电阻串联构成可变电阻 R_3。

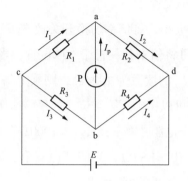

图 6-6　单臂电桥原理图

R_1—被测电阻；R_2、R_3、R_4—可调电阻；P—检流计；E—电源

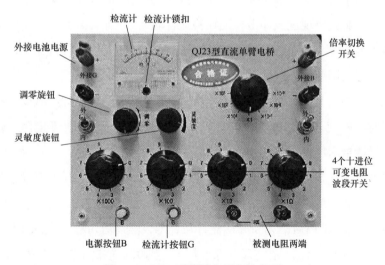

图 6-7　QJ23 型单臂电桥实物盘面

2. 用单臂电桥测试直流电阻操作步骤（以图 6-7 所示的 QJ23 型为例）

（1）将电桥放置于平整位置，放入电池。

（2）电桥右下角两个接线柱与被测电阻 R_x 用引线连接好。

（3）打开检流计的锁扣。用手往下拨检流计的锁扣，检流计锁扣即被打开。检查指针是否指示零位，如不在零位，调节调零旋钮，使指针指示零位。

（4）检查电桥检流计的灵敏度旋钮是否在最小位置，若不在最小位置，需调节旋钮使其位于最小位置。

（5）估算被测电阻大小，将倍率切换开关放在适当的位置。如估算被测电阻 R_x 为 1~10Ω，则可将倍率开关置于 10^{-3} 位置，当调节 R_3 的四个可变电阻使检流计指零位时，R_3 的读数为 1824Ω，则乘上倍率 10^{-3}，得测试结果为 1824Ω × 10^{-3}=1.824Ω，可以精确到第 4 位。如果倍率切换开关置于 10^{-2} 位置，则只能调节 R_3 四个可变电阻中的三个，"×1000Ω"的可变电阻指示零位，这时的读数为 0182Ω × 10^{-2}=1.82Ω，只能精确到第 3 位。由此可见，倍率开关的选择直接影响到测试结果的精确程度。

（6）根据被测电阻 R_x 的大小和倍率切换开关的位置将可变电阻的波段开关旋转到适当位置，这样做的目的是使开始测量时检流计承受不平衡电流的冲击最小，避免出现过大冲击，损坏检流计。

（7）开始测量。先按下电源按钮 B，然后再按下检流计按钮 G，根据检流计摆动方向调节四个波段开关，使检流计指针指示零位。

（8）当检流计指示零位后，旋转灵敏度旋钮，逐渐提高灵敏度。在提高灵敏度时，检流计指针可能会出现偏转，这时应及时调节可变电阻，使检流计指针保持指示零位。

（9）灵敏度旋钮调节到最大灵敏度位置时，调节波段开关使检流计指针指示零位，此时测量结束。

（10）测量结束后，先断开检流计按钮 G，然后方可松开电源按钮 B。若不按以上步骤做，而是先松开电源按钮 B，则由于被试品导电回路的电感作用将产生一个很高的感应电动势，形成冲击电流，该电流流入检流计的表头，有可能烧坏表头，并使检流计指针打弯。

（11）最后将检流计锁扣锁住。将锁扣往上推移，检流计的指针被固定住，这样做是防止在移动电桥时或在运输途中检流计指针受振动而导致损坏。

（12）读取测量结果。读取可变电阻四个电阻盘上的指示数和倍率切换开关的指示数，将可变电阻读数乘上倍率即得到测量结果。

（13）如果被测电阻的数值较小，为了提高测量准确度，可减去引线电阻的阻值，最后得出测量结果。

（14）做好测试记录，包括测得的电阻和测量时的温度。并按照相应公式进行温度换算，将实际测得的电阻换算到所需要的温度时的数值。

3. 注意事项

（1）如被测电阻是具有电感的线圈，例如测量变压器绕组的直流电阻，由于存在较长的充电时间，在开始测量时先按下电源按钮 B［见操作步骤的（7）］，这时不要立即按检流计按钮 G，而是等一段时间，等待充电进行到一定程度后再按下检流计按钮 G。等待时间需根据被试品的电感量大小确定。这样做是为了避免充电之初电流的快速变化引起检流计指针的急剧摆动，防止损坏检流计。

（2）电池电源按钮 B 和检流计按钮 G 都有机械锁住功能。在按下电源按钮 B 后，轻轻旋转一下，电源按钮便固定在合上位置，手可以松开。同样，如要将检流计固定在接通状态，也可以将按钮 G 按下后轻轻旋转一下即可，手也可以随之松开。

（3）具有较大电感或对地电容的被试品在测量直流电阻后，应对被试品进行接地放电。操作人员应戴手套，以避免遭受静电电击。

三、双臂电桥的使用

1. 双臂电桥的工作原理

单臂电桥一般用于测量中值电阻（阻值为 $10\sim10^6\,\Omega$）。对于阻值小于 $10\,\Omega$ 的低值电阻，为了提高测量精度，一般用双臂电桥测量。双臂电桥也称凯尔文电桥，常用的有 Q28 型、QJ44 型和 QJ101 型等。有关双臂电桥的工作原理已在前述章节详细介绍，在此不再赘述，双臂电桥原理图如图 6-8 所示，其

中被测电阻 $R_x=R_2 \cdot R_n/R_1$。

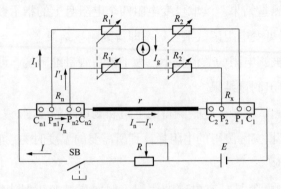

图 6-8　双臂电桥原理图

R_x—被测电阻；R_n—可调电阻

2. 用双臂电桥测试直流电阻操作步骤（以图 6-9 中的 QJ44 型为例）

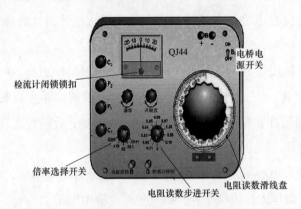

图 6-9　QJ44 型双臂电桥实物盘面

（1）将电桥放置于平整位置，放入电池。

（2）按正确接线方式接入被试品电阻 R_x。试验引线需四根，分别单独从双臂电桥的 C_1、P_1、P_2、C_2 四个接线柱引出。由 C_1、C_2 与被测电阻构成电流回路，而 P_1、P_2 则进行电位采样，供检流计调平衡之用。

接线时应注意：电流接线端子 C_1、C_2 的引线应接在被测绕组的外侧，而电位接线端子 P_1、P_2 的引线应接在 C_1、C_2 的内侧，这样接线可避免将 C_1、

C_2 的引线与被测绕组连接处的接触电阻测量在内，即被测电阻不包含接触电阻。

（3）接通电桥电源开关 B_1，待放大器稳定后检查检流计是否指零位，如不在零位，调节调零旋钮，使表针指示零位。

（4）检查灵敏度旋钮，应在最小位置。

（5）估算被测电阻大小，将倍率开关和电阻读数步进开关放置在适当位置。

（6）按下电源按钮 B，对被测电阻 R_x 进行充电，一段时间后，估计充电电流渐趋稳定，再按下检流计按钮 G，根据检流计的偏转方向，逐渐减少或增加步进读数开关的电阻数值，以使检流计指向零位，并逐渐调节灵敏度旋钮，使灵敏度达到最大，检流计指零位。必要时可旋转电阻滑线盘，该方法可作为调节检流计指零位的微调手段。

（7）在灵敏度达到最大，检流计指示零位且稳定不变的情况下，读取步进开关和滑线盘两个电阻读数并相加，再乘上倍率开关的倍率读数，所得结果即为最后电阻读数。

（8）在灵敏度达到最大，检流计指示零位且稳定不变的情况下，不等读数结束，可先行松开检流计按钮 G；在读数结束，经复核无疑问后，再断开电池按钮开关 B。这两个按钮开关在按下时稍一旋转便可锁定在合闸位置。在整个测试过程中，电池按 B 锁定在合闸位置，以保证对被测电阻 R_x 的稳定充电；而检流计按钮 G 在测试之初不可锁定，以避免检流计长时间通过大电流，只可轻轻按下随即松开，只要看清检流计指针的偏转方向即可，以便掌握电阻数值的调节方向是增大还是减小。只有当灵敏度调节到较大位置，检流计指针偏转缓慢时，才可将检流计按钮 G 按下并旋转锁定在合闸位置，以便慢慢旋转调节滑线电阻盘，最后读取测试数值。

（9）测试结束时先断开检流计按钮 G，然后才可断开电池按钮 B，最后拉开电桥电源开关 B_1，拆除电桥到被测电阻的四根引线 C_1、P_1、P_2 和 C_2。

为了测试准确，采用双臂电桥测试小电阻时，所使用的四根连接引线应选用较粗、较短的多股软铜绝缘线，其阻值不大于 0.01Ω。如果导线太细、太长、电阻太大，则导线上会存在电压降，本来测试时使用的干电池电压就不高，如果引线存在压降过大，会影响测试时的灵敏度，从而影响测试结果的准确性。

在这一过程中要注意两点：①在检流计按钮 G 没有断开时，不可先断开电源按钮 B，以免由于被测设备存在大电感，瞬间感应自感电动势对电桥反击，烧坏检流计；②在拆除试验引线时要戴手套，其目的是防止被测设备上的残余电荷对人体放电。在引线拆除后，如被测设备为变压器等具有较大电感和对地电容的设备时，应先对地放电。

（10）双臂电桥使用结束后，应立即将检流计的锁扣锁住或将灵敏度旋钮回零，防止搬动过程中损坏检流计。

（11）记录天气条件、温度等，特别是被测设备的实际温度，并进行电阻的温度换算。

四、变压器直流电阻测试仪的原理及使用

1. 变压器直流电阻测试仪的原理

变压器绕组直流电阻的测量是变压器各项试验中最重要、最常规的试验项目之一。通过直流电阻试验，可以检查出绕组内部导线的焊接质量、引线与绕组的焊接质量以及绕组所用导线的规格是否符合设计要求，分接开关、引线与套管等载流部分的接触是否良好，三相电阻是否平衡等。

在通常情况下，用传统的电桥法测量变压器绕组以及大功率电感设备的直流电阻是一项费时费工的工作，那是因为电流进入稳定状态所需时间很长。为了改变这种状况，缩短测量时间以及减轻测试人员的工作负担，研制开发了直流电阻测试仪。该测试仪以高速微控制器为核心，内置充电电池及充电电路，采用高速 A/D 转换器及过程控制电流源技术，具有高度自动化测量功能，能达到很好的测量效果。该测试仪具有精度高、测量范围宽、数据稳定、重复性好、抗干扰能力强、保护功能完善、充放电速度快等特点，同时还具

有测量迅速、使用方便、测量精度高等特点。直流电阻测试仪的自检和自动校准功能降低了仪器的使用和维护难度，是测量变压器绕组以及大功率电感设备直流电阻的理想设备。

国内生产直流电阻测试仪器的厂家很多，技术指标也基本接近。现场常用单通道直流电阻测试仪，单通道直流电阻测试仪外形图如图 6-10 所示。

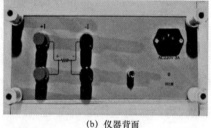

(a) 仪器正面　　　　　　　　　　　　　　　(b) 仪器背面

图 6-10　单通道直流电阻测试仪外形图

直流电阻测试仪的直流电源是稳定度高、恒压恒流自动转换的精密直流电源，其输出电压在额定范围内连续可调。恒流源电流大小通常有 0.1、1、2、5 和 10A，根据具体需要选择合适的输出电流挡位，一般电阻阻值越大，输出电流越小，变压器电阻一般不大，可选择 1~5A 电流。若阻值大，应减小电流，否则在被测绕组上消耗的功率过大、温度上升，影响测量准确性。

三通道直流电阻测试仪是新一代变压器直流电阻的测试仪器，三通道直流电阻测试仪外形图如图 6-11 所示。该仪器能够进行单通道、三通道单相和三通道连续绕组直流电阻的测试。单通道最大测试电流为 30A。三通道直流电阻测试仪采用典型的四线制测量法，由三路独立的恒流线性电源和测试单元构成，可以对变压器分接绕组三路同步测试且同时显示并自动计算不平衡率，可大大缩短测量时间，提高工作效率。该仪器操作简单方便，测试数据准确稳定，且具有数据打印、存储等功能，是变压器直流电阻测试工作中的首选设备。

图6-11   三通道直流电阻测试仪外形图

2. 变压器直流电阻测试仪的使用

仪器的使用方法应按照设备厂家的说明书使用。各个仪器的原理和接线基本类似，三通道的仪器在测试单相时需注意接线方式。以单通道直流电阻测试仪为例说明变压器直流电阻测试仪的使用方法。

（1）在仪器的后面板上有四个接线柱［见图6-10（b）］，分别是电流线（+I、–I）和电压线（+V、–V），其中电压测试端子在电流测试端子的内侧。

（2）变压器各绕组的电阻应分别在各绕组的接线端上测试。三相变压器绕组为星形联结且无中性点引出时，应测量其线电阻，如 R_{AB}、R_{BC}、R_{CA}；如有中性点引出时，应测量其相电阻 R_{AO}、R_{BO}、R_{CO}；对中性点引线电阻所占比例较大且低压为 400V 的配电变压器，应测量其线电阻（R_{ab}、R_{bc}、R_{ca}）及中性点对一个线端的电阻，如 R_{ao}。绕组为三角形联结时，首末端均引出的变压器应测量其相电阻；封闭三角形的变压器应测定其线电阻。

（3）开启仪器，进行自检，选择合适的输出电流大小。对于电阻阻值未知的变压器，电流应从最小的选起，通常选择 1A 或 5A。

（4）按下面板的"测量"键，仪器自动进入充电状态并测量，待显示数值稳定后读取并记录阻值。记录完毕后按下"复位"键，通过仪器内部的放电回路对变压器绕组进行放电，释放被试品上的残余电荷。如需重复连续测量，可不必切断电源，放电完毕后再次直接点击"测量"键进行重复多次测量。

（5）直流电阻测试应在变压器各个分接头的所有位置上测量，不能遗漏。

测量结束后，确认放电结束，断开仪器电源，依次拆除变压器绕组接线、仪器接线、仪器接地线，计算三相不平衡率，比较分析数据。

五、变压器直流电阻测试注意事项及结果分析

1. 变压器直流电阻测试注意事项

（1）在选择试验仪器时，变压器绕组直流电阻测试仪的精度应高于0.5级。根据变压器容量大小及电阻大小选用试验设备的充电电流，充电电流应能满足测量绕组的直流电阻要求。测试导线应满足测试电流的要求，最好使用测试仪专配测试线，否则会造成测试过程无法正常进行或测量误差较大等结果。

（2）由于变压器绕组直流电阻一般都比较小，用数字式测量仪测量小电阻时（一般小于 1Ω），电压线端（+V、-V）和电流线端（+I、-I）应分开，测试导线应尽量短，最好使用测试仪的专用测试线。电压线端接在靠近绕组内侧，电流线端接在靠近绕组的外侧。

（3）测试导线的线夹应尽可能接到变压器出线套管的导电杆上，无法直接接在导电杆上的，测试线夹应接在套管接线板的相同位置上，便于进行测量数值比较。接线夹接好后，应进行小幅度地转动以消除导电杆的氧化层，使接触良好，避免造成误差影响测量结果。

（4）为了尽可能减少测量误差，应做到：①测量仪器不确定度应不大于0.5%，绕组电阻应在测试仪满量程的70%之上；②在所有绕组电阻测量期间，铁芯磁化的极性应保持不变；③测量电流不要超过额定值的15%，以免发热影响测量结果；④必须等读数完全稳定再记录；⑤测试过程中突然断电，仪器将开始自动放电，此时不允许立即拆除测试线，稍等片刻后方可拆除测试线。测量结束后，应采取措施避免电流突然中断产生高压。

（5）在测量完感性负载时不能直接拆掉测试线，以免由于电感放电危及测试人员和设备的安全。一定要在放电指示完毕后才能拆掉测试线。

（6）对无载调压绕组，不允许在测试过程中或未放完电时切换无载分接开关。

（7）测量时，其他未测试的绕组请勿短路接地，否则会导致变压器充磁过程变慢，数据稳定时间延长。

2. 变压器直流电阻测试结果分析

对变压器绕组直流电阻测试结果进行分析，必要情况下，进行同一温度换算、线电阻和相电阻之间换算，然后比较三相数值，计算三相不平衡率，再与出厂值、历史数据比较，以上结果均应符合规定。在测试中发现线电阻不平衡率不合格时，不能判断出哪个部位电阻不合格，因此为了便于分析出不合格的确切部位，一般应将线电阻换算为相电阻。

（1）直流电阻的三相不平衡率即线间差或相间差百分数的计算，可按式（6-1）进行。

$$R_x = (R_{max} - R_{min})/R_p \times 100\% \qquad （6-1）$$

式中　R_x——直流电阻线间差或相间差的百分数；

　　　R_{max}——三线或三相直流电阻实测值的最大值，Ω；

　　　R_{min}——三线或三相直流电阻实测值的最小值，Ω；

　　　R_p——三线或三相直流电阻实测值的平均值。对线电阻，$R_p = 1/3$（$R_{AB} + R_{BC} + R_{CA}$）；对相电阻，$R_p = 1/3$（$R_{AO} + R_{BO} + R_{CO}$）。

（2）每次所测电阻都必须换算到同一温度下，与以前（出厂或交接时）相同部位测得值进行比较。绕组直流电阻温度换算可按式（6-2）进行计算。

$$R_{t2} = [(T + t_2)/(T + t_1)] \times R_{t1} \qquad （6-2）$$

式中　R_{t2}——换算至温度为 t_2 时的绕组直流电阻，Ω；

　　　R_{t1}——温度为 t_1 时的绕组直流电阻，Ω；

　　　T——温度换算系数，铜线为 235，铝线为 225。

（3）对于变压器三相绕组星形联结无中性点引出线或变压器三相绕组三角形联结，当三相线电阻不平衡率超过标准时，则需将线电阻换算成相电阻，以便找出缺陷相。变压器绕组联结方式如图 6-12 所示。

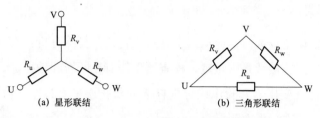

图 6-12　变压器绕组联结方式

对图 6-12 的星形联结的变压器，线电阻换算成相电阻可按式（6-3）进行计算。

$$R_\mathrm{u}=\left(R_\mathrm{uv}+R_\mathrm{wu}-R_\mathrm{vw}\right)/2$$
$$R_\mathrm{v}=\left(R_\mathrm{uv}+R_\mathrm{vw}-R_\mathrm{wu}\right)/2 \qquad (6-3)$$
$$R_\mathrm{w}=\left(R_\mathrm{vw}+R_\mathrm{wu}-R_\mathrm{uv}\right)/2$$

对图 6-12 所示的三角形联结的变压器，线电阻换算成相电阻可按式（6-4）进行计算。

$$R_\mathrm{u}=\left(R_\mathrm{wu}-R_\mathrm{g}\right)-R_\mathrm{uv}\times R_\mathrm{vw}/\left(R_\mathrm{wu}-R_\mathrm{g}\right)$$
$$R_\mathrm{v}=\left(R_\mathrm{uv}-R_\mathrm{g}\right)-R_\mathrm{wu}\times R_\mathrm{vw}/\left(R_\mathrm{uv}-R_\mathrm{g}\right) \qquad (6-4)$$
$$R_\mathrm{w}=\left(R_\mathrm{vw}-R_\mathrm{g}\right)-R_\mathrm{wu}\times R_\mathrm{uv}/\left(R_\mathrm{vw}-R_\mathrm{g}\right)$$
$$R_\mathrm{g}=\left(R_\mathrm{uv}+R_\mathrm{vw}+R_\mathrm{wu}\right)/2$$

式中　R_uv、R_vw、R_wu——三相绕组的线间电阻，Ω；

　　　　R_u、R_v、R_w——三相绕组的相电阻，Ω；

　　　　R_g——线间电阻值之和的一半，Ω。

相电阻不平衡率 S_P 可按式（6-5）计算。

$$S_\mathrm{P}=\frac{R_\mathrm{u}-R_\mathrm{w}}{(R_\mathrm{u}+R_\mathrm{v}+R_\mathrm{w})/3}\times100\% \qquad (6-5)$$

线电阻不平衡率 S_P 可按式（6-6）计算。

$$S_\mathrm{P}=\frac{R_\mathrm{uv}-R_\mathrm{vw}}{(R_\mathrm{uv}+R_\mathrm{vw}+R_\mathrm{wu})/3}\times100\% \qquad (6-6)$$

3. 误差分析

如测得值误差较大时，应从以下几点进行逐一排除分析：

（1）检查试验接线是否正确，检查测量线有无断线和破损。

（2）先检查变压器套管出线导电杆表面氧化层是否过厚，再轻微转动线夹消除氧化层后进行再次测量。

（3）确定测量仪器是否有问题，用仪器自带的标准校验电阻进行校验确认。

（4）在直流电阻测量时，会发现变压器套管导电杆底部和变压器绕组引线接触不良，造成这种现象的原因是变压器在运行中的振动造成导电杆和内部引线连接处螺栓松动。可结合红外测温来分析其内部发热的部位。

（5）分接开关接触不良。这主要是由于变压器分接开关不清洁、电镀层脱落、弹簧压力不够等造成个别分接头的电阻偏大。固定在箱盖上的分接开关也可能在箱盖紧固以后因开关受力不均造成接触不良。

对有载调压变压器，若分接开关接触不良，可在断开测试电源的情况下，采用电动操动机构多次改变分接头的磨合方式来加以消除，若测量结果还是误差偏大，要测量所有分接位置的直流电阻，找出规律，判断是由有载开关内部的切换开关、选择开关、极性开关接触不良引起的，还是某一挡的引线松动造成的。

对无载分接变压器，由于分接头接触不合格的现象多发生在调整分接头的情况下，因此也应采用来回调整的方法加以消除。在进行交接试验时，应在每个分接开关位置分别测量，分接开关恢复到运行挡位时再测量一次，以确保变压器分接开关接触良好。

（6）焊接不良。引线和绕组焊接处接触不良会造成电阻偏大。当被测变压器绕组由多股绕组并联时，若其中部分股绕组焊接不良或断线，一般会造成电阻偏大。

（7）三角形联结的变压器绕组其中一相断线时，没有断线的两相线端电阻为正常时的 1.5 倍，而断线相线端的电阻为正常值的 3 倍。

六、回路电阻测试仪

1. 回路电阻测试仪的介绍

开关类设备的导电回路接触良好是保证设备安全运行的重要前提。由于开关触头接触面氧化、接触紧固不良等原因导致接触电阻增大，通过大电流时使接触点温度升高、加速接触面氧化，接触电阻不断增大，持续下去将产生严重事故，因此开关类设备的各类试验都必须对回路接触电阻进行测量。

由于开关接触电阻很小，只有用很高的电流检测才能保证一定的精度。基于双臂电桥原理的测试仪，由于在测量回路通过的电流较小，难以消除开关触头较大的氧化膜，测出的电阻阻值偏大，因此对于开关类设备，应使用利用电压降原理的回路电阻测试仪进行回路电阻测试。检测电流应该取100A（用于1000kV电压等级设备的应不小于300A）至额定电流之间的任一电流。

回路电阻测试仪和直流电阻测试仪外观构造相似，回路电阻测试仪的技术要求包括：①仪器输出直流电流应不小于100A（用于1000kV电压等级设备的应不小于300A）；②仪器应定期校验并合格，操作开关、旋钮应灵活可靠，使用方便；③仪器应能正常显示极性、读数、超量程；④仪器交流电源引线端与外壳之间的绝缘电阻不应小于2MΩ；⑤仪器交流工作电源引线端与外壳之间承受1500V工频交流电压1min时，应不出现飞弧和击穿现象。

2. 回路电阻测试仪的使用及注意事项

对于SF_6断路器、油断路器、真空断路器、高压开关柜内用断路器，应在设备合闸并可靠导通的情况下，测量每相的回路电阻；对于GIS设备，若有进出线套管，可利用进出线套管注入测量电流进行测量。若GIS接地开关导电杆与外壳绝缘，引到金属外壳的外部以后再接地，测量时可将活动接地片打开，利用回路上的两组接地开关导电杆关合到测量回路上进行测量；若接地开关导电杆与外壳不绝缘时，可先测量导体与外壳的并联电阻R_0和外壳的直流电阻R_1，然后按式（6-7）换算回路电阻R。

$$R=R_0R_1/(R_1-R_0)$$ （6-7）

回路电阻测试仪接线图如图 6–13 所示，将电流线接到对应的 I+、I– 接线柱，电压线接到 V+、V– 接线柱，两把夹钳夹住被试品的两端。若电压线和电流线是分开接线的，则电压线要接在测试品的内侧，电流线应接在电压线的外侧。

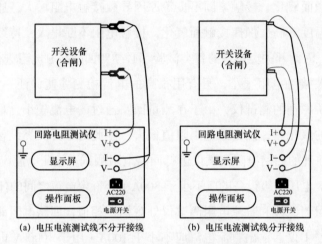

(a) 电压电流测试线不分开接线　　(b) 电压电流测试线分开接线

图 6–13　回路电阻测试仪接线图

使用回路电阻测试仪时，应注意以下几点：

（1）在没有完成全部接线时，禁止在测试接线开路的情况下通电，以防损坏仪器。

（2）电压测试线应接在电流测试线内侧，与被试品接触牢固、紧密，夹线前应清除被试设备接线端子接触面的油漆及金属氧化层；测试时，为防止被测设备突然分闸，应断开被试设备操作回路的电源。

（3）测试线应接触良好、连接牢固，防止测试过程中突然断开。

（4）测量真空开关主回路电阻时，禁止将电流线夹在开关触头弹簧上，防止烧坏弹簧。

（5）如发现测试结果超标，可将被试设备进行分、合操作若干次，重新测量，若测量结果仍偏大，可分段查找以确定接触不良的部位并进行处理。主回路电阻增大不能认为是触头接触不好的可靠证据，应使用更大的电流（尽可能接近额定电流）重复进行检测验证。

第三节　介质损耗角测试仪

测量介质损耗角正切值 tanδ 的方法主要有平衡电桥法（QS1、QS3 型西林电桥）、不平衡电桥（M 型介质试验器）、功率表法、相敏电路法等几种。最普遍使用的是 QS1 型西林电桥，但是现场试验基本已被数字式自动介损测试仪所代替。

一、QS1 型西林电桥（平衡电桥）的原理及使用

1. QS1 型西林电桥主要部件及参数

QS1 型西林电桥主要包括桥体、标准电容器和试验变压器（包括调压器）三大部分。

（1）桥体。本书前面章节已经介绍了西林电桥的原理，QS1 型西林电桥桥体面板示意图如图 6-14 所示。电桥的平衡是通过调整 R_4、C_4 和 R_3 来实现的，桥体的盘面上有两排，每排有 5 个调节用的圆形旋转开关，右边一排中有 4 个旋转开关用于调节电阻 R_3，左边一排有 3 个旋转开关用于调节可变电容 C_4，可变电容 C_4 的盘面刻度直接标出 tanδ，而不是标电容量。R_4 是阻值为 3184Ω 的无感电阻，C_4 是由 25 只无损电容组成的可调十进制电容箱电容（$5 \times 0.1\mu F + 10 \times 0.01\mu F + 10 \times 0.001\mu F$），$R_3$ 是十进制电阻箱电阻（$10 \times 1000\Omega + 100 \times 10\Omega + 10 \times 10\Omega + 10 \times 1\Omega$），$R_3$ 与滑线电阻 ρ（$\rho = 1.2\Omega$）串联，在 0~11111.2Ω 连续可调。

由于 R_3 的最大允许电流为 0.01A，为了扩大测量电容范围，当被试品电容量大于 3184pF 时，应并联接入分流电阻 R_N（R_N 最大值为 100Ω），因为 R_3 远大于 R_N，所以 I_3 远小于 I_X，保证了流过 R_3 的电流不超过允许值，在分流

器切换开关的压降就很小，避免了切换开关接触电阻对桥体的影响。

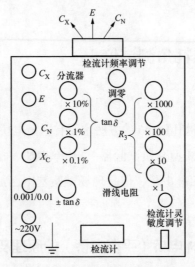

图 6-14　QS1 型西林电桥桥体面板示意图

C_N—标准电容器；$\pm \tan\delta$—极性开关

（2）平衡指示器。平衡指示器即桥体内装有的振动式交流检流计 G，振动式交流检流计线圈通过电流时将产生交变磁场，使贴在吊丝上的小磁钢振动，并通过光学系统将这一振动反射到面板的磨砂玻璃（又称毛玻璃）上，通过观察面板毛玻璃上的光带宽窄，即可知道电流的大小。电桥桥体面板上的检流计频率调节旋钮与检流计内另一永久磁铁相连，转动这旋钮可改变小磁钢及吊丝的固有振动频率，使之与所测电流频率谐振，检流计灵敏度最高，这就是调谐振。调零旋钮是用来调节检流计光带的零点位置的。检流计的灵敏度是通过改变与检流计线圈并联的分流电阻来调节的。分流电阻共有11 个位置，其阻值可通过调节面板上的灵敏度转换开关改变，阻值范围为 0~10000Ω。当检流计与电源精确谐振，灵敏度转换开关在 10 位置时，检流计光带缩至最小，此时认为电桥平衡。

检流计的主要技术参数为电流常数不大于 12×10^{-8} A/mm ；阻尼时间不大于 0.2s ；线圈直流电阻为 40Ω 。

（3）过压保护装置。电桥在使用中出现试品或标准电容器击穿时，R_3、Z_4 将承受全部试验电压，可能损坏电桥和危及人身安全，故在 R_3、Z_4 臂上分别并联了一只放电电压为 300V 的放电管作为过电压保护。

（4）标准电容器 C_N。高压无损标准电容器 C_N 为外附独立元件，上盖有三个引出套管，其中一个大套管为高压套管，两个小的套管一个是低压套管、另一个是屏蔽层引出套管。QS1 电桥现多采用 BR-16 型标准电容，内部为 CKB50/13 型真空电容器，其工作电压为 10kV，试验电压为 15kV，电容量 $50 \pm 1pF$，$\tan\delta \leqslant 0.1\%$。标准电容器内有硅胶，需经常更换以保证壳内空气干燥。

（5）极性开关 $\pm\tan\delta$。当现场有强电场干扰，或者因标准电容器受潮导致其损耗大于被试品时，极性开关在 $+\tan\delta$ 位置时不能平衡，此时可将极性开关置于 $-\tan\delta$ 位置进行测量，切换后电容 C_4 改与 R_3 并联，测试结果按式（6-8）进行换算。

$$\tan\delta_r = \omega(R_3+\rho)C_4 = \omega(R_3+\rho)\tan\delta \qquad (6-8)$$

式中　$\tan\delta_r$——被试品的介质损耗角正切值；

$\tan\delta$——测试仪器表盘上的读数。

（6）QS1 电桥主要技术参数。

1）高压 10kV、50Hz 测量时，QS1 电桥的技术参数为：① $\tan\delta$ 测量范围为 0.005~0.6（0.5%~60%）；②测量电容量范围为 $0.3 \times 10-3~0.4\mu F$；③ $\tan\delta$ 的测量误差：当 $\tan\delta$ 为 0.005~0.03 时，绝对误差不大于 ±0.003，当 $\tan\delta$ 为 0.03~0.6 时，相对误差不大于测定值的 ±10%；④电容量测量误差不大于 ±5%。

2）低压 100V、50Hz 测量时 QS1 电桥的技术参数为：① $\tan\delta$ 测量范围及误差与高压测量相同；②电容量测量范围：标准电容为 $0.001\mu F$ 时，测量范围为 $0.3 \times 10^{-3}~10\mu F$，标准电容为 $0.01\mu F$ 时，测量范围为 $3 \times 10^{-3}~100\mu F$；③电容量测量误差为测定值的 ±5%。

2. QS1 型西林电桥的接线方式

QS1 型西林电桥最常用的接线方式有正接线和反接线两种。西林电桥原理接线图如图 6-15 所示。

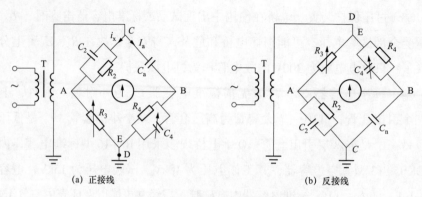

图 6–15　西林电桥原理接线图

（1）正接线。正接线时，桥体处于低电位，被试品必须与地绝缘，被试品的一端接入电桥高压端，另一端接入电桥的低压端。正接法操作安全简单，试验人员只需调节可变电阻 R_3 和可变电容 C_4 即可，且电桥内部不受强电场的干扰，准确度较高，现场有末屏的设备（如套管、电流互感器、电容式电压互感器、耦合电容器等）通常采用正接线方式测量。

（2）反接线。反接线时，桥体处于高电位，被试品一端接地，另一端接电桥测量端。现场设备条件（无末屏的设备，如变压器、分级绝缘电压互感器等）无法满足正接线时，可采用反接线。反接线时标准电容器外壳、可变电阻 R_3、可变电容 C_4 均处于高压下，为了确保试验人员安全，必须加强安全措施，电桥外壳必须可靠接地，桥体引出的 C_X、C_N 和 E 线均处于高电位，与接地体外壳保持 120mm 以上的距离。通常，反接线的试验电压不得超过 10kV。

3.QS1 型西林电桥操作步骤

（1）根据现场试验条件、试品类型选择合适的接线方式，合理安排试验设备、仪器仪表及操作人员位置并采取安全措施。标准电容器 C_N 和试验变压器 T 离 QS1 电桥的距离应不小于 0.5m。

（2）将 C_4、检流计灵敏度等调节旋钮置于零位，R_3 不能小于 50Ω，极性开关置于"断开"位置。根据被试品电容选择电桥分流器的位置。分流器转换开关位置与最大可测电容见表 6–1。

表 6-1   分流器转换开关位置与最大可测电容

分流器转换开关位置对应的最大允许电流（A）	0.01	0.025	0.06	0.15	1.25
电压 10kV 时的最大可测被试品电容（pF）	3000	8000	19400	48000	400000

（3）合上电源插头，打开指示灯开关，这时检流计刻度盘上应出现条狭窄的光带，用检流计调零旋钮将光带调到刻度盘中间零位。

（4）接好线后，应由第二人认真检查，确认无误后，合上调压器电源开关，把极性开关旋到 $\tan\delta$ "接通 I" 的位置，均匀升高试验电压到所需数值的 30%，调节检流计频率调节旋钮、检流计灵敏度旋钮及 R_3，直至检流计灵敏度旋钮置最大位置时（即旋钮置 10），光带放置最大。然后降压，断开调压器电源，将检流计灵敏度旋钮置最小位置。

（5）合上调压器电源开关，将电压升至试验电压，调节检流计灵敏度，使狭窄光带放大扩宽，直到占据总刻度的 1/3~1/2 为止。

（6）调节 R_3，使光带缩小，再调节 C_4，使光带进一步缩小；增大检流计灵敏度，再反复调节 R_3 和 C_4，直到检流计灵敏度调到最大位置（即旋钮置 10）；然后细调 R_3、C_4 以及滑线电阻 ρ，直至光带缩小到最窄（通常不超过 4mm），这时称电桥达到平衡。

（7）将检流计灵敏度调回零位。记录试验电压、R_3、C_4、ρ 及分流器位置。

（8）记录数据后，再将极性开关旋至 $\tan\delta$ "接通 II" 位置，增加灵敏度至最大，调节 R_3、C_4、ρ 至光带最窄。随手退回灵敏度旋钮置零位，极性转换开关至断开位置，把试验电压降零后再切断电源，高压引线临时接地。

（9）如上述两次测得的结果基本一致，试验可告结束，否则应检查是否有外部电磁场干扰等影响因素，若有干扰采取抗干扰措施。

二、M 型介质试验器（不平衡电桥）的原理及使用

1. M 型介质试验器的原理

M 型介质试验器是一种不平衡电桥，具有操作简单、携带方便的优点。

当介质损耗角 δ 很小时，$\tan\delta \approx \sin\delta$，而 $\sin\delta = I_R/I_X = P/S$（$P$ 是绝缘吸收的有功功率，S 是绝缘的视在功率）。M 型介质试验器的原理是通过测量输送给绝缘介质的有功功率 P 和视在功率 S，从而测算出介质损耗角正切值 $\tan\delta$。

M 型介质试验器原理接线图如图 6-16 所示。图 6-16 所示的接线图中包含标准回路（标准电容器 C_N 和带滑动触点的电阻 R_a）、被试回路（被试品 Z_X 和无感电阻 R_b）、测量回路（放大器和表头）、电源（调压器和变压器）等。

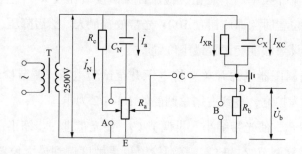

图 6-16　M 型介质试验器原理接线图

2. M 型介质试验器的测量过程

M 型介质试验器对被试品上施加的交流试验电压为 2500V。

电桥中的 R_b 很小，与试品串联不会影响流过试品的电流大小和相位，将电压表接到 B 位置测出电压降，即可算出视在功率 S；将电压表接到 C 的位置，并调节 R_a，当电压表读数达到最小值时，此读数再乘以 U/R_b 即可算出有功功率 P。然后根据 $\tan\delta \approx P/S$ 计算出 $\tan\delta$，根据式（6-9）求出 C_x。

$$S = U^2 \omega C_X \tag{6-9}$$

$$C_X = \frac{S}{2\pi f U^2} \qquad\qquad (6-10)$$

式中　U——B 位置所测电压，V ；

　　　ω——角频率（$\omega=2\pi f$），rad/s ；

　　　f——频率，Hz。

三、数字式自动介损测试仪的原理及使用

　　QS1 型西林电桥是最基础最广泛运用的介质损耗测试仪器，但是存在很多不足之处，调压器、升压器和桥体等多个设备要现场接线组装，防干扰措施比较复杂。现场测试已被新的数字式自动介质损耗测试仪所取代，数字式自动介质损耗测试仪克服了 QS1 型西林电桥的不足，将变频试验电源、高压电桥、标准电容器集成一体，通过变频、数字滤波等抗干扰技术，消除了现场干扰因素，操作简单，携带方便。数字式自动介质损耗测试仪的测量原理是矢量电压法，即利用两个高精度的电流传感器，将流过电容器 C_N 和试品 Z_X 的电流信号 I_{CN}、I_X 转换计算机测量的电压信号 U_{CN}、U_X，通过数模转换，并经过计算求出两个电压信号的实部和虚部分量，从而得出被测电流信号 I_{CN}、I_X 的基波分量和夹角，进一步算出被试品的电容量 C_X 和介质损耗角正切值 $\tan\delta$。常用的仪器包括 M-8000、AI-6000、GWS-ⅡA 型光导微机介损测试仪等，AI-6000 自动介质损耗测试仪外观如图 6-17 所示。

图 6-17　AI-6000 自动介质损耗测试仪外观

自动介质损耗测试仪的主要特点如下：

（1）抗干扰能力强，抗干扰采用变频原理，仪器采用特有的 45Hz/55Hz 自动双变频方式时，可在强干扰环境中直接测得 50Hz 的结果。

（2）内置试验高压 0.5~10kV 多档调节，最大输出电流 140mA。试验电压为 0.5kV 时，电容测量范围为 60~800000pF；试验电压为 10kV 时，电容测量范围为 3~40000pF。

（3）$\tan\delta$ 范围不限，自动识别电感、电容和电阻试品。

（4）安全可靠，操作快速便捷。高压电源采用多级保护，试品短路、击穿时仪器自动切断高压；低压电源突然失电不会引发过电压。测试时间在 30s 之内，自动打印结果。

四、影响 $\tan\delta$ 的因素和测试结果的分析

1. 影响 $\tan\delta$ 的因素

（1）温度的影响。温度对 $\tan\delta$ 的影响程度随材料、结构的不同而异。一般情况下，$\tan\delta$ 随温度上升而增加。为便于比较，应将不同温度下的 $\tan\delta$ 换算至 20℃。应当指出，由于被试品的温度换算系数不是十分符合实际，换算后往往误差较大。因此，尽量在温度为 10~40℃测试。

（2）电压的影响。良好绝缘的 $\tan\delta$ 不随电压的升高而明显增加。若绝缘内部有缺陷，则 $\tan\delta$ 将随电压的升高而明显增加。

（3）试品电容的影响。对电容量较小的设备（套管、互感器、耦合电容器等），测量 $\tan\delta$ 能有效地发现局部集中性和整体分布性缺陷。但对电容量较大的设备（变压器、电力电缆等）只能发现整体分布性缺陷，如存在局部集中性缺陷，由于局部集中性缺陷引起的损耗仅占总损耗的很小一部分而被掩盖。换言之，$\tan\delta$ 发现缺陷的灵敏程度是由缺陷部分体积占总体积的百分比决定的。

（4）湿度的影响。当试品的电容量较小，试验环境湿度较高时，表面泄漏电流对 $\tan\delta$ 的影响比较大，造成 $\tan\delta$ 测试结果比实际值偏大，易发生误判断。当空气相对湿度大于 80% 时应采取措施消除或减小影响。

2. tanδ 的结果分析

（1）测得的 tanδ 不应超出有关标准的规定。若超出应查明原因，必要时应对被试品进行分解试验，以便查出问题所在，并进行妥善处理。

（2）将所测得的 tanδ 与被试设备历次所测得的 tanδ 相比较、与其他同类型设备相比较；同设备各相间的 tanδ 进行比较。即使 tanδ 未超出标准规定，但在上述比较中有明显增大时，同样应加以重视。

（3）测试 tanδ 对电压的关系曲线，必要时可通过测量 tanδ 与外施电压的关系曲线，即 tanδ=f（U）曲线，观察 tanδ 是否随电压上升，用以判断绝缘内部有无分层、裂缝等缺陷。

（4）在对 tanδ 进行分析判断时，应充分考虑温度、湿度、脏污的影响，特别是温度的影响。在有关标准中都规定了一定温度下的 tanδ 标准数值，所以，若条件许可最好能在标准规定的相同或相近温度下进行试验。

具体的影响因素、防干扰措施和结果分析，前面章节均已详细介绍过，此处不再赘述。

第四节　电力变压器变比测试仪

变压器在交接、更换绕组、内部接线变动后要测量绕组所有分接头的电压比。本节介绍变压器变比测试方法及相关测试仪的使用。

一、变比试验

电力变压器在空载情况下，高压绕组的电压 U_1 与低压绕组电压 U_2 之比为变压器电压比，简称变比。即

$$K=\frac{U_1}{U_2}$$

（6-11）

若略去变压器内部电阻和漏抗影响（两者都很小），根据磁通耦合原理，单相变压器的变比等于绕组匝数比。即

$$K=\frac{U_1}{U_2}=\frac{N_1}{N_2} \tag{6-12}$$

三相变压器的变比通常按线电压计算。不同变压器绕组接线方法对应的变比计算如下。

三相 Yy 型、Dd 型：

$$K=\frac{U_1}{U_2}=\frac{N_1}{N_2} \tag{6-13}$$

Yd 型：

$$K=\frac{U_1}{U_2}=\sqrt{3}\,\frac{N_1}{N_2} \tag{6-14}$$

Dy 型：

$$K=\frac{U_1}{U_2}=\frac{N_1}{\sqrt{3}\,N_2} \tag{6-15}$$

式中　K——变比；

U_1、U_2——一、二次线电压（单相变压器即为一、二次电压）；

N_1、N_2——一、二次绕组一相匝数。

变比试验是在变压器一侧加试验电压，用仪表或仪器测量另一侧电压，然后根据测量结果计算变比。变压器变比试验的目的是检查绕组匝数是否正确，检查分接开关工作状况，检查绕组有无层（匝）间金属性短路等，为变压器能否投入运行或并联运行提供依据。根据 Q/GDW10 108-02-001—2014《输变电设备交接试验规程》规定，并列运行变压器变比的额定分接允许

误差不大于 ±0.5%，其他分接允许误差 ±1%；变比小于 3 的，允许偏差为 ±1%。

二、变比试验测试方法

常用变比试验测试方法有电压测量法、变比电桥法两种。电压测量法是电压比试验最基本方法，过去一般称为双电压表法或电压表法。它可以用三相电源，也可以用单相电源进行试验。

现场采用变比电桥法测量时，所用的变比电桥有标准调压器式电压比电桥和电阻分压式电压比电桥两种。这两种电桥都具有如下优点：①不受电源稳定程度的限制；②准确度和灵敏度高，都在1‰以上；③一般试验电压在220V 以下，保证安全；④测量准确性比电压测量法高，电压比误差可以直读；⑤在电压比试验的同时可完成被试品联结组别标号、极性的检测。

1. 电压测量法

（1）用三相电源测量。三相电源测量是指将 380V 的交流电压加在变压器的高压侧，用电压表直接测量高、低压侧所对应的线电压（或相电压），进而求出三相变压器变比的方法。用三相电源测量三相变压器变比及误差的接线图如图 6-18 所示。

将三相调压器调至输出为零，检查接线无误后合上电源开关 S，将三相调压器 T 调到一定电压，依次分别测出 UV uv、VW vw、WU wu 线间电压，并做好记录，降压并断开电源开关 S，对变压器进行放电。

（2）用单相电源测量。单相电源测量是指将 220V 的交流电压加在变压器的高压侧，用电压表直接测量高、低压侧所对应的线电压（或相电压），进而求出三相变压器变比的方法。用单相电源测量三相变压器变比及误差的接线图如图 6-19 所示。单相电源测量使用的表计少，比用三相电源更容易发现故障相。

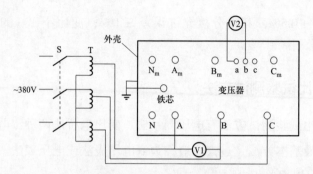

图 6-18　用三相电源测量三相变压器变比及误差的接线图

S—电源开关；T—三相调压器；V1、V2—电压表；A、B、C—高压绕组；

Am、Bm、Cm—中压绕组；a、b、c—高压绕组

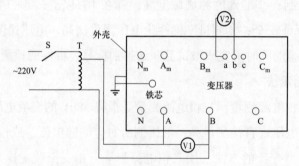

图 6-19　用单相电源测量三相变压器变比及误差的接线图

S—电源开关；T—单相调压器；V1、V2—电压表

　　将单相调压器调至输出为零，检查接线无误后合上电源开关 S，将单相调压器 T 调到一定电压，依次分别测出 AB ab、BC bc、CA ca 线间电压，并做好记录，降压并断开电源开关 S，对变压器进行放电。

2. 变比电桥法

（1）标准调压器式电压比电桥。标准调压器式电压比电桥内装有一台有许多二次抽头，且一次绕组的变比均为已知标准变比值的自耦变压器。利用变比电桥可以方便地测量变压器变比。采用标准调压器式电压比电桥测量三相变压器电压比时，当被试变压器的极性或联结组标号与电桥上极性转换开关或组别转换开关指示的位置一致时，电桥才能调节到平衡位置。标准调压

器式电压比电桥测量原理图如图 6-20 所示。在被试变压器高压侧加电压 U_1，变压器的低压侧感应出 U_2，调整 R_1，使检流计指针归零。则变比可表示为

$$K=\frac{U_1}{U_2}=\frac{R_1+R_2}{R_2}=1+\frac{R_1}{R_2} \quad\quad（6\text{-}16）$$

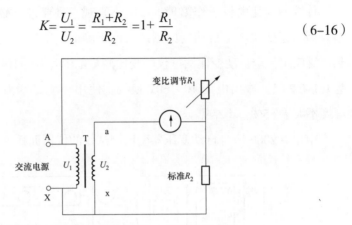

图 6-20　标准调压器式电压比电桥测量原理图

（2）电阻分压式电压比电桥。以电阻分压式 QJ-35 式电桥为例进行说明，电阻分压式 QJ-35 式电桥测量原理图如图 6-21 所示。测量时将变压器铭牌上的变比值按 QJ-35 电桥的使用说明书换算为电桥标准变比 K（有效值取 4 位），然后正确输入电桥。检查测试线与被试变压器接触良好且正确，变压器中性点与地断开。采用电阻分压式电压比电桥测量三相变压器变压比时，当被试变压器的极性或联结组标号与电桥上极性转换开关或组别转换开关指示的位置一致时，电桥才能调节到平衡位置。

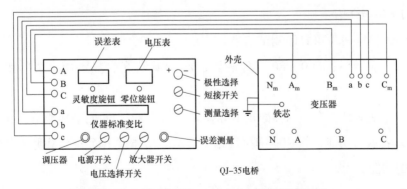

图 6-21　电阻分压式 QJ-35 式电桥测量原理图

三、HDBB-2000 型全自动变压器变比测试仪使用方法

传统的变比电桥操作繁琐，读数不直观，且要进行必要的换算，测试结果只为一相变比。全自动变比测试仪由于测试范围广、读数方便等优点已得到广泛应用。全自动变比测试仪的变比测量范围为 0.9~10000；测量精度一般为 0.1~0.2 级。输出电压 10~160V 换挡；使用环境温度为 –5℃ ~40℃；相对湿度不大于 85%，不结露。

HDBB-2000 型全自动变压器变比测试仪的仪器面板如图 6-22 所示。

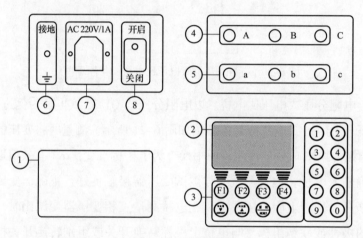

图 6-22　仪器面板

1. 功能介绍

（1）打印机：可打印测试结果。

（2）显示屏：160×80 点阵液晶，带 LED 背光，显示操作菜单和测试结果。

（3）功能键：在显示器的正下方有 F1、F2、F3、F4 四个功能键，分别对应上方显示的功能，按相应键执行相应提示的功能。下面分别说明这四个功能键的功能。

F1 灰度键：调节显示器的对比度，左边是"辉度▼"按键，按此键可使

文字变淡，极端状态可以调成白屏，没有文字显示，右边是"辉度▲"，按此键可使文字变深，极端状态可以调成黑屏，没有文字显示。

F2 复位键：按此键整机复位到初始状态。

F3 小数点键：输入小数点。

F4 数字键：输入数值。

（4）高压输出端：黄、绿、红 3 色接线座，分别为 A、B、C 三相，连接对应颜色电缆，电缆另一端有黄、绿、红 3 色夹钳，连接对应被测变压器高电压侧的 A、B、C 三相。

（5）低压端输入端：黄、绿、红 3 色接线座，分别为 a、b、c 三相，连接对应颜色电缆，电缆另一端有黄、绿、红 3 色夹钳，连接对应被测变压器低电压侧的 a、b、c 三相。

（6）保护接地柱：工作中将仪器外壳接地，保护操作人员。

（7）电源插座：是整机电源输入口，接 220V、50Hz 电源，插座带熔断器。

（8）电源开关：控制仪器的开断。

2. 操作方法

（1）接线：根据被试变压器的情况正确连接测试线夹。

1）单相变压器：高压端电缆的黄、绿线夹接被测变压器高电压侧的接线端。低压端电缆的黄、绿线夹接被测变压器低电压侧的接线端。

2）三相变压器：将高压端和低压端电缆的 3 色夹钳按黄、绿、红各对应 A 相、B 相、C 相和 a 相、b 相、c 相连接。

（2）变比测量：所有接线接好以后，打开电源开关，或按一下复位键，之后按照仪器面板提示进行测量操作，不同测量操作对应界面如图 6-23 所示。按下复位键时仪器屏幕显示如图 6-23（a）所示。

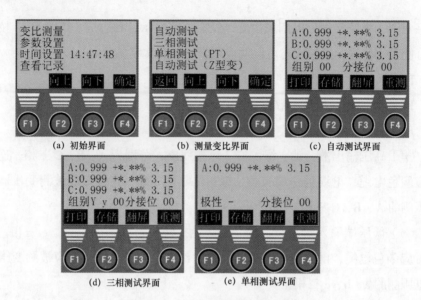

图 6-23　不同测量操作对应界面

　　如果直接测量变比，此时可以直接按 F4 键进入下一级菜单，屏幕显示界面如图 6-23（b）所示，该界面各部分功能如下：①自动测试，此状态下按 F4 可以在所有条件未知的情况下，测量三相变压器的变比、组别号及空载电流，显示界面图 6-23（c）所示；②三相测试，已知高压侧连接方式（参数设置时设置为过高压侧的连接方式）时，此状态下按 F4，测量三相变压器的低压连接方式、变比、组别号及空载电流，显示界面如图 6-23（d）所示；③单相测试（PT），当测量单相变压器或 PT、TV 时选择此菜单，按 F4 后测量单相变压器的变比、极性及空载电流，显示界面如图 6-23（e）所示；④自动测试（Z 型变），当测量 Z 型变压器时选择此菜单，此状态下按 F4，测量 Z 型变压器的低压连接方式、变比、组别号及空载电流，显示界面如图 6-23（d）。

3. 操作示例

　　（1）联结组别为 YNd11，电压组合为 110 ± 8 × 1.25%/10.5 的变压器。三相变压器接线图如图 6-24 所示。

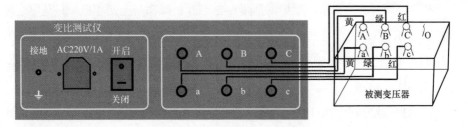

图 6-24　三相变压器接线图

打开电源开关显示出主菜单［见图 6-23（a）］，此时可输入额定变比值。按照变压器铭牌上的高压端 9 分接电压 110.0V，低压电压 10.5V，计算出额定变比为 10.476。输入额定变比后，按 F1 回到主菜单，按 F2 键后再按 F4 键，接着再按 F3、F4，仪器开始测量，测量结果如图 6-25 所示。此时，可按 F1 键打印结果，F2 键存储数据，转换分接开关后按 F4 继续测量或按复位键返回主菜单，按 F3 键可以看下一屏，下一屏显示界面如图 6-25（b）所示。

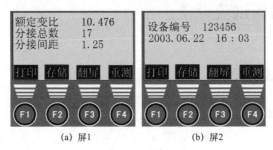

(a)　屏1　　　　　　　　(b)　屏2

图 6-25　测量结果

（2）电压组合为 525/$\sqrt{3}$　±8×1.25%/20 的单相变压器。单相变压器接线图如图 6-26 所示。

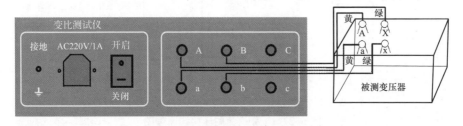

图 6-26　单相变压器接线图

打开电源开关，显示主菜单［见图6-23（a）］，操作与上例相似，只是要注意额定变比的计算，变压器铭牌高压端9分接电压为$525/\sqrt{3}$ =303.1V，低压侧电压为20V，计算值是303.1/20=15.155，输入额定变比值，在变比测量子菜单下选单相测试。

（3）注意事项。

1）对有载分接开关19档的变压器，9、10、11分接电压是同一个值，输入分接类型时应输入17，此时仪器分接位置大于12的，仪器显示分接位置比实际位置小2。

2）本仪器分接位置的设置按高压侧调压设计，即假设1分接为最高电压挡位，如果电压反向设计或分接开关在低压侧的变压器，则显示分接位置和实际分接位置倒置。

第五节　耐压试验设备

一、耐压试验设备

1. 工频交流耐压试验设备

工频交流耐压接线原理图如图6-27所示。工频交流耐压设备通常包括调压器TZ，试验变压器T，高压测量用电容分压器C1、C2，保护电阻R1、R2，低压侧电流表A1，高压侧毫安表A2，保护球隙Q等。

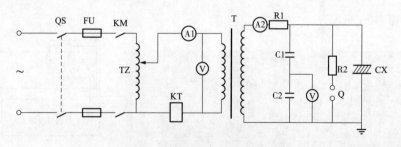

图6-27　工频交流耐压接线原理图

（1）调压器。为满足不同电压等级设备进行工频耐压试验的要求，应使用调压器进行电压调节。调压器能使电压从零开始平滑变化，调压器输出电压波形应尽可能符合规定要求，尽可能接近正弦波，而且调压器的容量要与试验变压器容量相同。常用的调压器主要有自耦调压器、移圈式调压器和感应调压器。

1）自耦调压器。自耦调压器工作原理如图6-28所示，自耦调压器相当于一台可以在一定范围内任意调节变比的变压器。由于自耦调压器只有一个绕组，因此具有可以平滑调压、体积小、波形畸变小、效率高的优点。但是自耦调压器通常采用移动电刷进行接触调压，使其绝缘水平、通流能力受限，单台容量小，一般输出电压为0~250V，单台容量不超过50kVA。

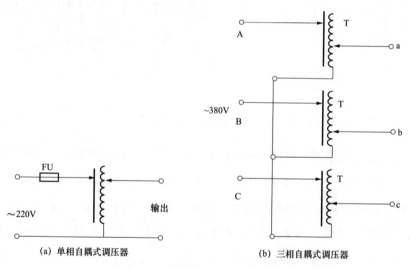

图6-28　自耦式调压器工作原理

2）移圈式调压器。移圈式调压器工作原理如图6-29所示，移圈式调压器由三个绕组L1、L2、L3组成，L1、L2是串联在一起的两个绕线方向相反、匝数相同的绕组，上下垂直套在铁芯上，L3是套在最外侧的可移动短接绕组。调压过程中通过上下移动L3绕组的位置，可以改变L1、L2两个绕组中的磁通。当短接绕组L3在最下面时，其产生的反磁通与L2的磁通相抵消，从而

使得输出电压 $U_2=0$；当 L3 向上移动时，短接绕组 L3 产生的反磁通与 L1、
L2 同时作用，从而使输出电压从 0 平滑地增加到 U_1。

　　由于移圈式调压器需要额外的短接绕组，且短接绕组与 L1、L2 之间有
非导磁材料（空气或油间隙），因此磁阻、漏抗较大，输出波形畸变大，体积
也较大。但由于没有滑动触头，短接绕组 L3 可以手动或电动操作，绝缘水
平、通流不受限制，可以有较大的输出电压和较大的容量，最大可达输出电
压 10kV，容量 2500kVA。

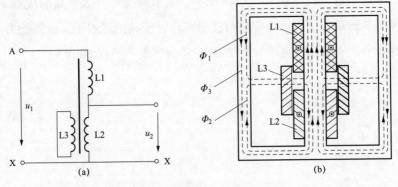

图 6-29　移圈式调压器工作原理

　　（2）试验变压器。根据 GB 50150—2016《电气装置安装工程　电气设备
交接试验标准》规定，对于 110kV 及以上设备在没有特殊要求的情况下，现
场交接试验可不进行工频耐压试验。因此，现场一般只针对 66kV 及以下设备
进行工频耐压试验，电压通常不超过 100kV，容量要求也不高，所以现场通
常使用的是小型单台工频试验变压器，容量多为 5kVA 或 10kVA。小型试验
变压器与调压器外观如图 6-30 所示。

　　大型高压设备耐压试验需要高电压、大容量的试验变压器，这样的试验
变压器体积大、笨重，不便于携带安装，因此一般在高压试验大厅内使用，
高压试验室用试验变压器外观如图 6-31 所示。由于经济技术原因，现场经常
采用串级式试验变压器，即几个变压器串接以提高输出电压。通常采用两台
或三台试验变压器进行串接，串级式试验变压器如图 6-32 所示，其采用三台

相同的试验变压器串接，输出电压为 $3U_2$。

图 6-30　小型试验变压器与调压器外观

图 6-31　高压试验室用试验变压器外观

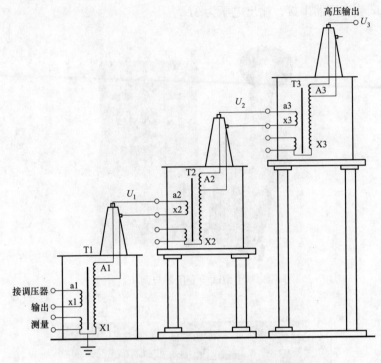

图 6-32　串级式试验变压器

　　随着行业发展，对试验变压器性能要求越来越高，因此出现了采用 SF_6 气体绝缘的大容量工频试验变压器，SF_6 气体绝缘试验变压器如图 6-33 所示。相对传统大容量工频试验变压器，SF_6 气体绝缘试验变压器具有体积小、电压高和电晕小的特点。

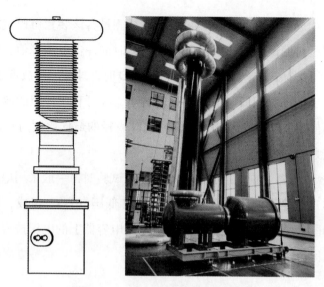

图 6-33　SF$_6$气体绝缘试验变压器

（3）交流高压测量。交流高压测量可分为低压侧测量和高压侧测量两种方法。

低压侧测量是一种间接的方法，即在试验变压器的低压侧或测量绕组上用电压表测量电压，采用经过校核的试验变压器变比换算出高压侧电压。这种方法不能直接测量高压侧电压，准确性不高，适合用在对低电压、小容量的被试设备进行交流耐压时应用。

高压侧测量时可采用电压互感器、静电电压表、球隙原理构成的高电压直接测量装置、电容分压器等。

1）电压互感器。电压互感器使用时需直接并联在高压侧进行测量，由于耐压试验电压较高，制造绝缘强度高的电压互感器较困难，因此电压互感器适合测量较低的电压。

2）静电电压表。静电电压表并联在被试设备上可以直接测量交流电压有效值，由于其本身电容量极小，且两极间阻抗较大，因此测量时对被试设备上电压影响很小。但是静电电压表电极在外部，使用时易受环境影响，因此不适合在室外使用，通常多用在试验室内。

3）球隙原理构成的高电压直接测量装置。特殊情况下可以采用利用球隙的放电原理构成的高电压直接测量装置进行测量，该装置可以直接测量高压交、直流耐压时的试验电压峰值和冲击试验时的冲击电压峰值。球隙由一对直径为 D、间隙为 s 的铜球组成，当 $s < 0.5D$ 时，球隙间形成近乎均匀电场，在一定大气压下球隙间放电电压分散性较小，故可利用球隙的放电来测量高电压。实际使用中测量球隙的球隙距离与球直径的最佳比例为 0.1~0.4，但是由于误差较大，一般不采用此种测量方法。

4）电容分压器。现场进行工频交流耐压试验时，一般采用电容分压器测量高压侧电压。电容分压器由高压电容 C_1 和低压电容 C_2 组成，电容分压器工作原理如图 6-34 所示。交流电压下，串联电容器上的电压按容抗分压，与电容值呈反比，即

$$U_2 = \frac{C_1}{C_1 + C_2} U_1 \qquad (6-17)$$

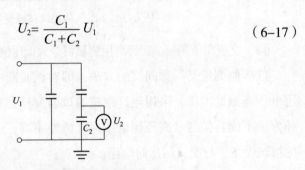

图 6-34　电容分压器工作原理

（4）保护电阻、保护球隙。工频耐压试验时，串接在试验变压器的高压输出端的保护电阻用来降低试品闪络或击穿时变压器高压绕组出口端的过电压，并能限制短路电流。保护电阻多采用水电阻器或线绕电阻，且保护电阻阻值一般采用 0.1~0.5Ω/V。保护球隙串联的保护电阻通常取 1Ω/V。

交流耐压试验中常用球隙保护被试设备，球隙采用一对相同直径的铜球水平布置构成，这是因为铜球直径一定，球隙间的放电电压由球隙距离决定，可以通过经验公式设置球隙距离以保护被试设备。工频耐压试验采用球隙进行测量，选定球隙放电电压不得高于被试品试验耐受电压的 85%，一般可取试验电压的 80%。

2. 直流耐压试验设备

直流耐压试验使用的直流高压普遍采用交流高电压经整流后获得，常用的整流方法有半波整流、倍压整流和串级式整流三种。半波整流电路的直流输出电压只能接近试验变压器高压侧输出电压的幅值；倍压整流电路及串级式整流电路可以获得较高的直流试验电压，而又不用提高试验变压器的输出电压。

直流耐压试验接线示意图如图 6-35 所示，直流耐压试验设备主要有控制台、试验变压器、高压整流硅堆、微安表、滤波电容、分压器等。

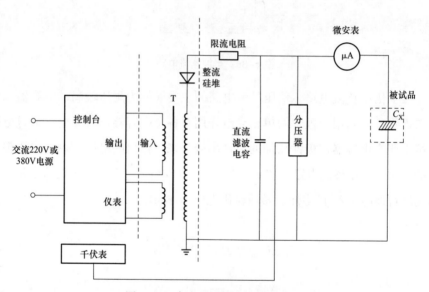

图 6-35　直流耐压试验接线示意图

（1）半波整流电路。半波整流电路如图 6-36 所示，该电路由升压变压器 T、整流调压硅堆 V、滤波电容 C 和保护电阻 R 组成，整流输出电压为

$$U_d = U_{2m} = \sqrt{2}\, U_2 = \sqrt{2}\, K U_1 \qquad\qquad (6-18)$$

式中　K——升压器 T 的变化；

　　　U_d——输出电压，V；

　　　U_{2m}——电压 U_2 的最大值，V；

　U_1、U_2——升压器一、二次电压，V。

　　为了限制被试设备在试验放电时的放电电流，保护整流调压硅堆、微安表及试验变压器，必须在高压回路中串入保护电阻 R，保护电阻 R 一般采用水电阻器。

　　高压整流硅堆的额定参数主要有额定反峰电压和额定整流电流，经高压硅堆整流后正弦交流电变为脉动直流，再经滤波电容 C 后滤波后，直流电压的脉动减小。

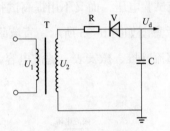

图 6-36　半波整流电路

　　（2）倍压整流电路。倍压整流电路的主要元件为耐压较高的电容器和整流二极管，其利用二极管的单相导电作用对各个电容器进行充电，通过电路连接把所有电容器按极性相加的原理串接起来，输出的电压为输入电压整数倍的高压。倍压整流电路如图 6-37 所示，该电路是一个 2 倍压整流电路，可以输出对地为 $2U_{2m}$ 的电压，整流输出电压 U_d 表示为

$$U_d = 2U_{2m} = 2\sqrt{2}\,U_2 = 2\sqrt{2}\,KU_1 \qquad\qquad (6\text{-}19)$$

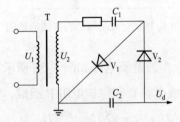

图 6-37　倍压整流电路

　　（3）串级式整流电路。串级式整流电路的基本元件实际上就是倍压整流电路，它是根据所需要的电压不同，将不同级数的倍压电路串接起来组成的串级直流高压电路。n 级串级整流电路如图 6-38 所示，其整流输出电压 U_d 表示为

$$U_d = n \cdot 2U_{2m} = 2\sqrt{2}\, nU_2 = 2\sqrt{2}\, KnU_1 \qquad （6\text{-}20）$$

式中　　n——串联倍压电路的级数。

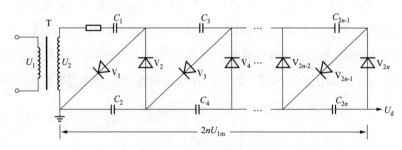

图 6-38　n 级串级整流电路

二、工频耐压设备使用方法和注意要点

由于交流耐压试验属于破坏性试验，对固体有机绝缘介质而言，由于具有累积效应且试验过程中容易加速绝缘薄弱点的发展，因此在进行工频交流耐压试验之前，必须先进行绝缘电阻、吸收比、泄漏电流和介质损耗等非破坏性绝缘试验，以初步验证被试设备的绝缘状况，避免因交流耐压试验造成被试设备绝缘损伤。

1. 试验变压器的选择

试验前应根据被试设备的电压等级、电容量来选择试验变压器，且同时需要考虑试验电压和电流是否满足要求。由于被试设备通常呈容性，根据设备常见电容量可估算试验变压器高压侧电流，试验变压器高压侧电流为

$$I_T = \omega C_x U_x \qquad （6\text{-}21）$$

式中　　I_x——试验变压器高压侧电流；

　　　　C_x——被试设备电容量；

　　　　U_x——被试设备试验电压。

则所需试验变压器容量为

$$S_T=\omega C_x U_x^2 \qquad (6-22)$$

如被试设备电容量较大，试验变压器容量难以满足时，可采用其他方法来减小试验变压器高压侧电流，如在被试设备高压端并联高压电抗器，电抗器感性电流补偿被试设备的容性电流后，试验变压器高压侧电流明显降低，即相当于降低了所需试验变压器的容量，补偿后所需试验变压器容量为

$$S_T=\left(\omega C_x-\frac{1}{\omega L}\right)U_x^2 \qquad (6-23)$$

式中　　S_T——试验变压器容量；

　　　　L——补偿电抗器电感。

2. 高压侧容升

进行工频交流耐压试验时，由于被试设备多呈容性，容量大时常出现容升现象，即出现被试设备端电压高于所施加电压的现象。工频耐压试验的等值电路及相量图如图 6-39 所示。

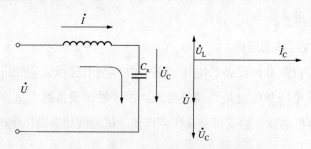

图 6-39　工频耐压试验的等值电路及相量图

工频耐压施加电压为

$$\dot{U}=\dot{U}_L+\dot{U}_C \qquad (6-24)$$

串联回路中电感电压 $\dot{U}_\mathrm{L}$ 与电容电压 $\dot{U}_\mathrm{C}$ 方向相反。即有

$$U_\mathrm{C}=U+U_\mathrm{L} \tag{6-25}$$

且有

$$\Delta U=U_\mathrm{L}=I_\mathrm{C}Z_\mathrm{k}=\omega C_\mathrm{x}C_\mathrm{C}Z_\mathrm{k} \tag{6-26}$$

式中　Z_k——试验变压器的短路阻抗；

　　　I_C——被试设备电流；

　　　C_x——被试设备电容量。

当试验变压器选定之后，容升现象与被试设备电容量成正比。对大容量设备，为避免容升现象造成设备绝缘损伤，试验过程中应在高压侧直接测量电压。

3. 串级式试验变压器的容量

使用串级式试验变压器时，应注意串级式试验变压器的额定容量并不是单台试验变压器的容量总和。如图 6-38 所示的由三台试验变压器组成的串级式试验变压器，若该串级试验变压器的额定容量为

$$S_\mathrm{N}=3UI \tag{6-27}$$

则试验变压器 T3 的容量为

$$S_\mathrm{N3}=UI \tag{6-28}$$

试验变压器 T2 的容量为

$$S_\mathrm{N2}=UI+S_\mathrm{N3}=2UI \tag{6-29}$$

造成 T2、T3 容量计算公式差异的原因是 T2 需要同时供应负载和 T3 的励磁容量。同理，试验变压器 T1 的容量为

$$S_{N1}=UI+S_{N2}=3UI \qquad (6-30)$$

因此，串级式试验变压器整套设备的总容量为

$$S_{\Sigma}=S_{N1}+S_{N2}+S_{N3}=6UI \qquad (6-31)$$

则容量利用率为

$$\eta=\frac{S_N}{S_{\Sigma}}=\frac{3UI}{6UI}=50\% \qquad (6-32)$$

可以看出串级式变压器级数越多，容量利用率越低，在使用时需确定容量是否满足要求。

4. 工频耐压设备使用方法

（1）工频耐压成套装置。传统工频耐压装置由调压器、试验变压器、指针式测量仪表等组成，接线操作复杂，目前现场常采用数显小型成套装置进行工频耐压试验。工频耐压成套装置采用数控技术将检测和试验设备集成在操作箱中，具有体积小、质量轻、抗干扰强等特点。下面以 RTYD-15 成套工频耐压试验装置（见图 6-40）为例，来介绍工频耐压设备使用方法。对 RTYD-15 成套工频耐压试验装置，容量为 15kVA 的操作箱输出电压为 0~250V，试验变压器最高输出电压为 100kV。

图 6-40　RTYD-15 成套工频耐压试验装置

（2）基本操作步骤。操作箱面板如图 6-41 所示。

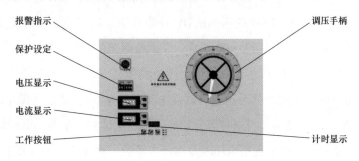

报警指示
保护设定
电压显示
电流显示
工作按钮

调压手柄
计时显示

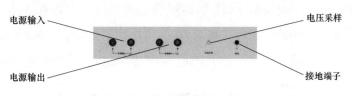

电源输入
电源输出

电压采样
接地端子

图 6-41　操作箱面板

工频耐压试验时基本操作步骤包括以下部分：

1）零位启动：为保护被试设备，耐压试验应从 0V 开始升压。当调压器
处于零位时，按合闸按钮，接触器合闸，仪器开始工作；当调压器未处于零

位时，按合闸按钮仪器不工作。

2）计时器触发电压：通过改变拨码开关的前三位数字设定计时器的触发电压，即当试验变压器高压侧电压达到规定电压时自动启动计时。

3）过压保护设定：为避免耐压试验过程中被试设备因为过电压造成绝缘损坏，试验时必须有过电压保护（也称过压保护）。过压保护是依据计时器触发电压设定的，由于计时触发电压也是规定试验电压，通常取规定试验电压的 1.1 倍作为过压保护的动作值。过压保护触发后，为防止试验变压器因瞬间断电造成过电压，过压保护装置不直接切断对试验变压器的供电。当出现过压保护时，试验人员应立即将调压器旋转回零位，按下分闸按钮后关闭电源。

4）过流保护：在低压侧电流达到设定值时，通过改变拨码开关的后两位设定过流保护的电流值。过流保护触发时，将自动切断调压器的输出电压。

5）调压手柄：在各种参数设定后开始试验时，通过旋转调压手柄改变调压器输出电压。试验变压器调压侧从 0V 开始升压，除瓷绝缘、开关类的设备外，其余设备做耐压试时应从 0V 开始，在试验电压的 75% 以下时应均匀且快速升压；当升至试验电压的 75% 以后，则以约每秒 2% 的速率升至 100% 试验电压，并保持规定时间，然后迅速将试验电压降低至 0V，才能切断电源。

6）电流、电压显示：可通过按键切换分别显示试验变压器高低压侧电压及电流，试验过程中应仔细观察电压表及电流表示数，在升压或耐压试验过程中，如出现短路、闪络、击穿等过电流时，电流继电器保护跳闸，调压器自动断电，表示被试品不合格，此时应将调压器调回零位，切断电源并检查被试设备。

7）计时：工频耐压时间一般为 60s，电压达到试验规定值时自动启动计时，且每 60s 语音提示一次，耐压时间达到规定时间后，电压迅速均匀降至零。

三、串联谐振变频耐压设备使用方法和注意要点

1. 参数计算

由于高电压、大容量设备越来越多，现场进行交流耐压试验时，试验设备的容量、体积难以满足要求，因此普遍采用串联谐振进行交流耐压试验。

变频串联谐振成套试验装置原理图如图 6-42 所示，通过调节电源输出频率使得回路中的感抗与容抗相等，回路中无功功率趋于零，回路呈谐振状态，此时高压侧电流最大。高压回路谐振时最大电流计算公式如下：

$$I_{2m}=\frac{U}{\sqrt{R_2+(X_L^2-X_C^2)}}=\frac{U}{R} \qquad (6-33)$$

式中　I_{2m}——高压回路谐振时最大电流；

　　U——励磁变压器高压侧电压；

　　R——回路等效电阻（主要是电抗器的内阻）；

　　X_L——回路感抗；

　　X_C——回路容抗。

谐振时被试品两端电压为

$$U_C=X_CI_{2m}=\frac{I_2}{\omega C}=\frac{U}{\omega CR}=\frac{\omega LU}{R}=QU \qquad (6-34)$$

$$Q=\frac{\omega L}{R} \qquad (6-35)$$

式中　Q——串联谐振回路的品质因数，一般可达 40~80。

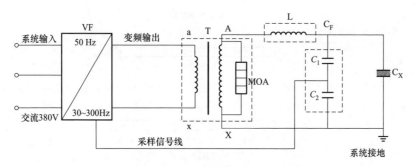

图 6-42　变频串联谐振成套试验装置原理图

VF—变频电源；T—励磁变压器（内置 MOA 避雷器）；L—谐振电抗器；C_X—试品电容；

C_F—电容分压器（其中 C_1 为分压器高压臂电容，C_2 为分压器低压臂电容）

根据被试设备估算所需试验容量，并确定励磁变压器及电抗器的串并联接线方式。

2. 励磁变压器的串并联接线

励磁变压器的低压输入侧绕组一般为一组，标识为 a，x；高压侧绕组一般有一组或多组，标识为 A1、X1，A2、X2，A3、X3 等。低压侧的 a，x 和变频电源输出端连接，不分正负极性，严禁将 a 端或 x 端接地。高压侧绕组相互独立，可串联也可并联，当试品电压等级较低或者试验电流较大时，可采用并联连接法，即 X1、X2、X3 连接后接励磁变压器下面的接地端子，A1、A2、A3 连接后接试验电抗器的 X 端子；当试验电压较高时可采用串联连接法，即 A3 和 X2 短接，A2 和 X1 短接，X3 接励磁变压器下面的接地端子，A1 接电抗器的 X 端子。励磁变压器高压侧并联和串联连接示意图如图 6-43 所示。

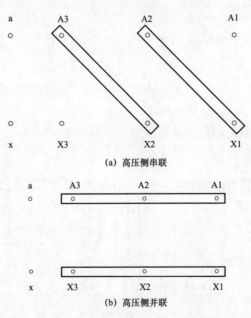

图 6-43　励磁变压器高压侧并联和串联连接示意图

3. 电抗器串并联接线

谐振电抗器一般由多只组成，可根据现场实际情况串联或并联使用。当试品电压等级较低、试品容量较小时可利用单只试验；当试品容量较大时可把多只电抗器并联连接使用；当试品电压等级较高时，可以把多只电抗器串联连接使用（即把电抗器垂直叠放起来，并把电抗器首尾相接）。电抗器并联和串联连接示意图如图 6-44 所示。

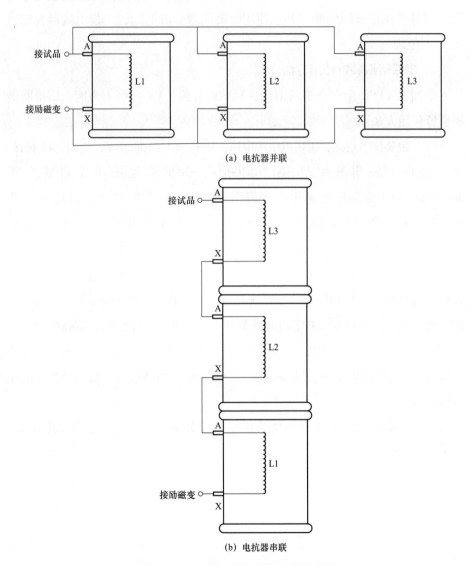

图 6-44　电抗器并联和串联连接示意图

电抗器并联连接使用时，X端接励磁变压器的输出，A端接试品；电抗器串联连接使用时，最下面那个电抗器的X端子接励磁变压器的输出，最上面那个电抗器的A端子接试品。在连接的时候，一定要注意不要把电抗器的X端子接地。在使用的过程中，严禁把电抗器倾倒或者倒立放置；电抗器串联使用时要注意分压问题，并联使用时要注意分流问题，严禁电抗器长期过压、过流使用。

4. 串联谐振装置使用方法

下面以VFSR型变频串联谐振成套试验装置（VF-3型）为例介绍串联谐振装置使用方法。

（1）主要技术指标：①供电电源电压：$380 \times (1 \pm 10\%)$ V、三相、45~65Hz；②变频电源输出频率范围：20~400Hz；③成套系统工作频率范围：30~300Hz；④变频电源输出电压范围：0~460V；⑤频率调节最高分辨率：0.02Hz；⑥电压调节最高分辨率：0.1V；⑦系统测量准确度：I级；⑧系统测量偏差：高压测量的1%读数 + 1‰量程。

（2）主要功能：①手动/自动调谐，手动/自动升压和自动试验；②自动计时，计时结束后自动降压；③系统具有IGBT保护、过电压保护、过电流保护、放电保护等全自动保护；④电源输入电压过低/缺相提示；⑤保护电压比设定，自动调谐范围设定，试验电压自动跟踪，保证试验电压稳定；⑥打印试验数据，包括试验电压、试验频率、励磁电压、励磁电流、品质因数和试品等效电容。

（3）试验接线。成套耐压试验系统接线实物图及接线图分别如图6-45、图6-46所示。

图 6-45　成套耐压试验系统接线实物图

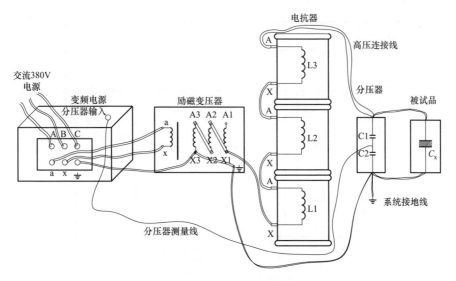

图 6-46　成套耐压试验系统接线示意图

变频电源 VF 提供频率和幅值都可调节的电压，由励磁变压器经过初步升压后，通过谐振电抗器 L（试验时所使用的高压电抗器组，它可以由两个或者多个高压电抗器组成）和回路的电容 C（即上面的电容分压器 C1、C2 和试品电容 C_x，如果有补偿电容器，补偿电容器的电容也要计算在内）之间发生谐振，在试品上得到谐振电压。谐振电抗器 L 可以并联连接使用，也可以串联连接使用，以保证回路在适当的频率下发生谐振。通过改变变频电源的输出频率，使回路处于串联谐振状态；调节变频电源的输出电压幅值，使试品上的电压达到试验所要求的试验电压。

回路的谐振频率取决于谐振电抗器的电感 L 和回路的电容 C，系统的谐振频率计算公式为

$$f = \frac{1}{(2\pi\sqrt{LC})} \tag{6-36}$$

（4）操作流程。以 VF-3 变频电源为例来说明操作流程，变频电源操作面板如图 6-47 所示。

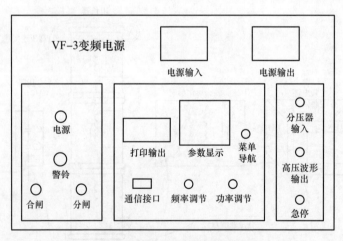

图 6-47　变频电源操作面板

操作流程图如图 6-48~ 图 6-50 所示。

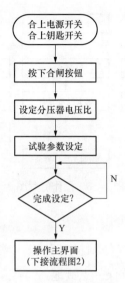

图 6-48   操作流程图 1

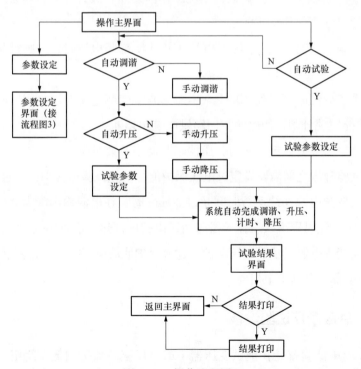

图 6-49   操作流程图 2

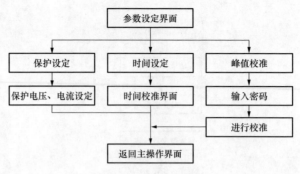

图 6-50　操作流程图 3

（5）注意事项。

1）系统上电前，一定要仔细检查各输入输出接线、接地线顺序是否正确，连接是否牢固可靠，确保一点接地。

2）如果散热风机有保护盖，系统工作前必须将其打开，否则会造成变频电源内部温升过高而损坏电源。

3）系统启动时，当使用的是 VF-3/400kW 变频电源时，合闸键必须长按超过 2s，电源主回路电容开始充电。

4）系统分闸时，当使用的是 VF-3/400kW 变频电源时，分闸键必须长按 2s 以上才能实现分闸，使电源主回路供电电源切断。

5）分压器节数设定务必与分压器串联使用节数对应。

6）试验升压之前需要设定过电压保护值，防止试验过程中试品过压损坏。

7）当变频电源连续运行时间超过 30min 时，在电源输出降为 0 后请不要立即关分闸，让风扇继续工作一段时间，以把内部热量散发出去。

8）当变频电源提示过电压保护、过流保护或放电保护时，若要继续工作，必须关闭电源，重新上电启动。

四、感应耐压试验设备

感应耐压试验就是在被试变压器（或电压互感器）的低压绕组上施加交流试验电压，在低压绕组中流过励磁电流，在铁芯中产生磁通，从而在高压绕组中感应产生电动势的试验。

感应耐压试验的主要设备包括倍频电源、控制台、升压变压器等。

感应耐压试验电源频率一般采用 100、150、250Hz，不宜高于 400Hz，由于 150Hz 电源相对容易获得因此现场试验采用较多。根据不同原理试验电源主要有三倍频电源、倍频机组以及调频试验电源。

1. 三倍频电源

对小容量设备进行感应耐压试验时可采用三台单相变压器，按照一定的接线方式获得三倍频电源。由三台单相变压器构成的 3 倍频电源接线如图 6-51 所示。

图 6-51 所示的 3 倍频电源利用三台单相变压器，一次侧接星形，二次侧接成开口三角形。当一次侧加压时，由于铁芯很容易饱和，出现过励磁，由于采用的是星形中性点未接地接法，零序电流形成回路，以漏磁通方式消耗。又因为零序电流以 3 次谐波电流为主，所以磁通为平顶波，能够感应出 3 倍频电压。由于二次侧采用的是开口三角形接法，正序和负序之和为零，只能出现 3 次及以上的零序电压（超过 3 次非常少），形成 3 倍频电压，再经过中间试验变压器升压、电容器滤波可以得到较好的 3 倍频波形。

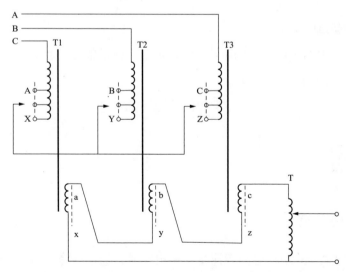

图 6-51　由三台单相变压器构成的 3 倍频电源接线

2. 倍频机组

对大型变压器进行感应耐压试验时常用倍频发电机组提供倍频交流电源，倍频发电机组如图6-52所示。倍频交流电源经过倍频发电机电源隔离滤波器滤除电源线路高频干扰信号和发电机组谐波信号后，施加在变压器的低压端，高压端感应出试验高电压，进行局部放电试验。由于局部放电测试系统背景噪声不大于5pc，局部放电信号清晰，因此倍频机组是变压器感应耐压和局部放电测试的理想设备。

图 6-52　倍频发电机组

3. 调频试验电源

调频试验电源采用电力电子晶体管技术，通过整流、逆变得到不同频率正弦波，方便调节电源频率。

参考题

一、单选题

1. 采用手摇式绝缘电阻表测量绝缘电阻时，摇动绝缘电阻表的转速一般要求为（　　）。

A. 50r / min　　　　　　　　B. 100r / min　　　　　　　C. 120r / min

2. 测量 100~500V 的电气设备的绝缘电阻时，应选用电压等级为（　　　）、量程为 100MΩ 及以上的绝缘电阻表。

A. 250V　　　　　　　　　B. 500V　　　　　　　　　C. 1000V

3. 绝缘电阻表的屏蔽端子为（　　　）端子。

A. L　　　　　　　　　　B. E　　　　　　　　　　C. G

4. 电气试验中，测量电气设备的直流电阻一般采用（　　　）。

A. 万用表　　　　　　　　B. 绝缘电阻表　　　　　　C. 直流电桥

5. 直流电阻测试的基本原理是在被测回路上施加（　　　），根据电路两端电压和电路中电流的数量关系，测出回路电阻。

A. 直流电压　　　　　　　B. 交流电压　　　　　　　C. 工频过电压

6. 直流电阻测试方法中，在被测电路中通以直流电流，测量两端压降，根据欧姆定律计算出被测电阻的方法称为（　　　）。

A. 直流压降法　　　　　　B. 平衡电桥法　　　　　　C. 万用表测量法

7. M 型介质试验器的三个支路是极性判别支路、标准电容支路及（　　　）。

A. 被试品测试支路　　　　B. 电桥支路　　　　　　　C. 标准电阻支路

8. QS1 电桥包括升压试验设备、QS1 电桥桥体及（　　　）。

A. 标准电容器　　　　　　B. 标准电感　　　　　　　C. 标准电阻

9. 西林电桥测试 tanδ 时，采用（　　　）适用于被试品不能与地隔离时的测量。

A. 正接线　　　　　　　　B. 反接线　　　　　　　　C. 交叉接线

10. 变压器变压比测试，变比电桥的结构有标准调压器式和（　　　）电压比电桥两种。

A. 电感式　　　　　　　　B. 电阻式　　　　　　　　C. 电容式

11. 变压器变压比测试方法中，双电压表法比变比电桥法准确性（　　　）。

A. 高　　　　　　　　　　B. 低　　　　　　　　　　C. 相等

12. 变比电桥内装有一台有许多二次抽头，且对一次绕组的变比均为已知作为标准变比值的自耦变压器的电桥称为（　　　）电压比电桥。

　　A.电感式　　　　　　　　B.电阻式　　　　　　　C.标准调压器式

13. 工频耐压试验时，施加在试品上的实际试验电压要大于由试验变压器低压侧（电源侧）乘以变压器变压比算得的电压，这种现象称为（　　　）。

　　A.电晕现象　　　　　　　B.闪络现象　　　　　　C.容升现象

14. 工频耐压试验时试验电源的频率只要在（　　　）范围内，即认为符合工频耐压要求。

　　A.20~45Hz　　　　　　B.35~45Hz　　　　　　C.45~65Hz

15. 工频耐压试验中，作为耐压试验的调压设备，一般采用自耦调压器或（　　　）。

　　A.移圈式调压器　　　　　B.控制变压器　　　　　C.电力电子调压

二、判断题

1. ZC-7型绝缘电阻表由手摇发电机和磁电式流比计两部分组成。（　　　）

2. 绝缘电阻表的最大输出电流也称为绝缘电阻表的输出短路电流。（　　　）

3. 绝缘电阻表进行开路试验时，当使电阻表转速达额定转速时，其指针应指示零。（　　　）

4. 直流电阻测试仪使用的恒压恒流源的电流大小应根据具体需要选择使用，一般测量时电阻愈大，电流愈大。（　　　）

5. 直流电阻测试仪测量结束后，可以马上拆除试验接线。（　　　）

6. 采用双臂电桥测试小电阻，所使用的四根连接引线阻值不大于1Ω。（　　　）

7. 智能型介质损耗测试仪采用正接法时，接线方式为从仪器上引出两根线，分别接在被试品的两端。（　　　）

8. QS1电桥主要包括升压试验设备、QS1电桥桥体及标准电容器三部分。（　　　）

9. 采用 QS1 电桥测量 tanδ 时，正接线比反接线准确度低。（   ）

10. 产生直流高压的半波整流电路中，升压变压器的输出电压经高压硅堆后变为脉动直流。（   ）

11. 工频耐压试验时，高压输入端存在容升现象，试验电压的测量一般采取高压直接测量。（   ）

12. 感应耐压试验就是利用工频电源和升压设备产生工频高压对被试品进行耐压试验。（   ）

13. 采用标准调压器式电压比电桥测量三相变压器变比时，当被试变压器的极性或联结组标号与电桥上极性转换开关或组别转换开关指示的位置一致时，电桥才能调节到平衡位置。（   ）

14. 标准调压器式变比电桥测试的结果包括变压比、极性或联结组标号。（   ）

15. 变压器的变比是短路时的一、二次绕组电压比。（   ）

第七章　CHAPTER SEVEN

应急处置

　　本章主要介绍触电事故及电气火灾应急处置基本知识，主要内容包括触电事故及现场救护、电气防火防爆。由于电气试验工在日常工作中要接触带电设备，因此需要时刻保持警惕，并掌握应急处置方法，以保护自身及他人安全。

一、触电事故种类

按照触电事故的构成方式，触电事故可分为电击和电伤两类。

1. 电击

电击是电流对人体内部组织的伤害，是最危险的一种伤害，绝大多数（约85%以上）的触电死亡事故是由电击造成的。

电击的主要特征有：①伤害人体内部；②在人体的外表没有显著的痕迹；③致命电流较小。

按照发生电击时电气设备的状态，电击可分为直接接触电击和间接接触电击。直接接触电击是触及设备和线路正常运行时的带电体发生的电击（如误触接线端子发生的电击），也称为正常状态下的电击。间接接触电击是触及正常状态下不带电而当设备或线路故障时意外带电的导体发生的电击（如触及漏电设备的外壳发生的电击），也称为故障状态下的电击。

按照人体接触及带电体的方式，电击可分为单相单击、两相电击和跨步电压电击三种。单相电击指人体一部位接触到地面或其他接地导体，同时另一部位触及某一相带电体所引起的电击。根据国内外的统计资料，单相电击事故占全部触电事故的70%以上。两相电击指人体的两个部位同时触及两相带电体所引起的电击。两相电击时，人体所承受的电压为线路电压，其电压相对较高，危险性也较大。跨步电压电击指站立或行走的人体，受到出现于人体两脚之间的电压即跨步电压作用所引起的电击。跨步电压是当带电体接地，电流经接地线流入埋于土壤中的接地体，又通过接地体向周围大地流散时，在接地体周围土壤电阻上产生的电压梯度形成的。

2. 电伤

电伤是电流的热效应、化学效应、光效应或机械效应对人体造成的伤害。电伤会在人体表面留下明显伤痕，电伤包括电烧伤、电烙印、皮肤金属化、机械损伤、电光性眼炎等多种伤害。

（1）电烧伤是最为常见的电伤。大部分触电事故含有电烧伤成分，电烧伤可分为电流灼伤和电弧烧伤。

1）电流灼伤指人体与带电体接触，电流通过人体时，因电能转换成的热能引起的伤害。由于人体与带电体的接触面积一般都不大，且皮肤的电阻又比较高，因而产生在皮肤与带电体接触部位的热量就较多。因此，皮肤受到的灼伤比体内严重得多。电流愈大、通电时间愈长、电流途径的电阻愈大，则电流灼伤愈严重。电流灼伤一般发生在低压电气设备上，数百毫安的电流即可造成灼伤，数安的电流则会形成严重的灼伤。

2）电弧烧伤指由弧光放电造成的烧伤，是最严重的电伤。弧光放电时电流很大，能量也很大，电弧温度高达数千摄氏度，可造成大面积的深度烧伤，严重时可能会将机体组织烘干、烧焦。低压系统和高压系统均可发生电弧烧伤。比如低压系统带负荷（特别是感性负荷）拉裸露刀开关、错误操作造成的线路短路、人体与高压带电部位距离过近而放电，都会造成强烈弧光放电。

在电烧伤事故中，大部分事故发生在电气维修人员身上。

（2）电烙印是在人体与带电体紧密接触时，由电流的化学效应和机械效应而引起的伤害。斑痕处皮肤呈现硬变，表层坏死，失去知觉。

（3）皮肤金属化是由于高温电弧使周围金属熔化、蒸发并飞溅渗透到皮肤内部所造成的。受伤部位呈现粗糙、张紧，可致局部坏死。

（4）机械损伤多数是由于电流作用于人体，使肌肉产生非自主的剧烈收缩所造成的。其损伤包括肌腱、皮肤、血管、神经组织断裂及关节脱位乃至骨折等。

（5）电光性眼炎表现为角膜和结膜发炎。弧光放电时的红外线、可见光、紫外线都会损伤眼睛。

二、电流对人体的伤害

电流通过人体时会对人体的内部组织造成破坏。电流作用于人体表现的症状有针刺感、压迫感、打击感、痉挛、疼痛，乃至血压升高、昏迷、心律不齐、心室颤动等。

电流通过人体内部对人体伤害的严重程度与通过人体电流的大小、种类、持续时间、通过途径以及人体的状况等多种因素有关。

1. 电流大小的影响

通过人体的电流越大，人体的生理反应越明显，感觉越强烈。按照通过人体电流强度的不同以及人体呈现的反应不同，将作用于人体的电流划分为感知电流、摆脱电流和室颤电流。

（1）感知电流。指电流通过人体时能引起任何感觉的最小电流。成年男性的平均感知电流（有效值，下同）约为 1.1mA，最小为 0.5mA；成年女性约为 0.7mA。

感知电流能使人产生麻酥、灼热等感觉，但一般不会对人体造成伤害。当电流增大时，引起人体的反应变大，可能导致高处作业过程中的坠落等二次事故。

（2）摆脱电流。指手握带电体的人能自行摆脱带电体的最大电流。当通过人体的电流达到摆脱电流时，虽暂时不会有生命危险，但如通过人体的时间过长，则可能导致昏迷、窒息甚至死亡。因此，通常把摆脱电流作为发生触电事故的危险电流界限。

成人男性的平均摆脱（摆脱概率 50%）电流约为 16mA，成年女性平均摆脱电流约为 10.5mA；摆脱概率为 99.5% 时，成年男性和成年女性的摆脱电流分别约为 9mA 和 6mA。

（3）室颤电流。指能引起心室颤动的最小电流。动物实验和事故统计资料表明，心室颤动在短时间内会导致死亡，因此通常把引起心室颤动的最小电流作为致命电流界限。具体来说，致命电流是指触电后引起心室颤动概率大于 5% 的极限电流，一般认为，工频交流 30mA 以下或直流 50mA 以下，短时间不会有致命危险。

2. 电流持续时间的影响

通电时间越长，越容易引起心室颤动，造成的危害越大。具体原因如下：

（1）随着通电时间增加，能量积累越来越多（如电流热效应随时间增加而加大），一般认为通电时间与电流的乘积大于 50mA·s 时就有生命危险。

（2）随着通电时间的增加，人体电阻因出汗而下降，导致人体电流进一步增加。

因此，通过人体的电流越大、时间越长，电击伤害造成的危害越大。通过人体电流大小和持续时间的长短是电击事故严重程度的基本决定因素。

3. 电流途径的影响

电流通过人体的途径不同，造成的伤害也不同。电流通过心脏可引起心室颤动，导致心跳停止，使血液循环中断而致死。电流通过中枢神经及相关部位，会引起中枢神经系统强烈失调；通过头部会使人立即昏迷，而当电流过大时，则会导致死亡；电流通过脊髓，可能导致肢体瘫痪。

以上这些伤害中，通过心脏的危害性最大，流经心脏的电流越大，伤害越严重。一般人的心脏稍偏左，因此，电流从左手到前胸的路径是最危险的，其次是右手到前胸，次之是双手到双脚、左手到单（或双）脚及左脚到右脚等。电流从左脚到右脚可能会使人站立不稳，导致摔伤或坠落，因此这条路径也是相当危险的。

4. 电流种类的影响

直流电和交流电均可使人发生触电。相同条件下，直流电比交流电对人体的危害小。在电击持续时间大于一个心搏周期时，直流电的室颤电流比交流电高好几倍。直流电在接通和断开瞬间，平均感知电流约为 2mA。接近 300mA 直流电流通过人体时，接触的皮肤会感到疼痛，随着通过时间的延长，可引起心律失常、电流伤痕、烧伤、头晕，有时可能会失去知觉，但这些症状是可恢复的。若超过 300mA 则会造成失去知觉，达到数安培时，只要几秒，则可能发生内部烧伤甚至死亡。

交流电的频率不同对人体的伤害程度也不同。实验表明，50~60Hz 的电流危险性最大；低于 20Hz 或高于 350Hz 时，危险性相应减小，但高频电流比工频电流更容易引起皮肤灼伤。

5. 个体差异的影响

不同的个体在同样的条件下触电可能出现不同的后果。一般而言，女性对电流的敏感度较男性高，小孩较成人易受伤害，体质弱者比健康人易受伤害，特别是有心脏病、神经系统疾病的人更容易受到伤害且后果更严重。

三、触电事故发生规律

了解触电事故发生的规律，有利于增强防范意识，防止触电事故的发生。根据对触电事故发生率的统计分析，可得出以下规律。

（1）触电事故季节性明显。统计资料表明，事故多发于第二、三季度，且 6~9 月份为触电事故高峰期。造成以上情况的原因是：①夏秋两季多雨潮湿，电气绝缘性能降低容易造成电气设备漏电；②天气炎热，人体出汗多造成人体电阻降低，危险性增大；③夏秋两季是农忙季节，农村用电量增大，人们接触电气设备的机会增多。

（2）低压设备触电事故多。由于低压电气设备及线路简单、分布广、管理不严格，且人们接触低压设备机会较多，因此导致低压触电事故多。但高压电气设备由于管理严格、人员接触不多、专业性电工素质较高等原因，导致高压触电事故较少。

（3）携带式和移动式设备触电事故多。其主要原因是：①工作时，工作人员要紧握设备走动，人与设备连接紧密，危险性增大；②这些设备工作场所不固定，设备和电源线都容易发生故障和损坏；③单相携带式设备的保护零线与工作零线容易接错，从而造成触电事故。

（4）电气连接部位触电事故多。由于导线接头、与设备的连接点、灯头、插座、插头、端子板、绞接点等电气连接部位作业人员易接触，且机械牢固性差，因此当这些电气连接部位裸露或绝缘低劣时，就会造成触电事故。

（5）冶金、矿业、建筑、机械行业触电事故多。由于这些行业生产现场存在高温、潮湿、现场作业环境复杂等不安全因素，以致触电事故多。

（6）中、青年工人，非专业电工，合同工和临时工触电事故多。由于此类人员经验不足，缺乏电气安全知识，且部分人员责任心不强，因此造成的触电事故多。

（7）农村触电事故多。部分省（区、市）统计资料表明，农村触电事故约为城市的3倍。农村由于用电条件差，保护装置理欠缺，技术落后，电气知识缺乏等原因造成乱拉乱接现象较多，不符合用电规范，因此触电事故与城市相比较多。

（8）错误操作和违章作业造成的触电事故多。其主要原因是安全教育不够、安全制度不严和安全措施不完善。

触电事故的发生往往不是单一原因造成的。经验表明，只有提高安全意识，掌握安全知识，严格遵守安全操作规程，才能有效防止触电事故的发生。

四、触电急救方法

发生意外触电时，越早展开急救伤者存活的概率越大，因此，当发生触电事故时，施救者一定要冷静，以保持头脑清醒，正确实施急救方法。触电急救的第一步是使触电者迅速脱离电源，第二步是现场救护。

1. 脱离电源

若发生触电事故，要立即使触电者脱离电源。使触电者脱离低压电源的方法有以下几种。

（1）就近拉开电源开关，切断电源。要注意观察单刀开关是否装在火线上，若错误地装在零线上则不能认为已切断电源。

（2）用带有绝缘柄的利器切断电源线。

（3）找不到开关或插头时，可用干燥的木棒、竹竿等绝缘体将电线拨开，使触电者脱离电源。

（4）可用干燥的木板垫在触电者的身体下面，使其与地绝缘。如遇高压触电事故，应立即通知有关部门停电。要因地制宜，灵活运用各种方法，快速切断电源。

2. 现场救护

（1）若触电者神志清晰，呼吸和心跳均未停止，或曾一度昏迷但未失去知觉，此时应让触电者躺平就地，安静休息，不要走动，以减轻心脏负担，并应严密观察呼吸和心跳的变化。

（2）若触电者神志不清，无判断意识，有心跳，但呼吸停止或极微弱时，应立即采用仰头抬颏法，使气道开放，并进行口对口人工呼吸。

（3）若触电者神志丧失，无判断意识，心跳停止，但有极微弱呼吸时，应对伤者进行胸外心脏按压。

（4）若触电者呼吸和心跳均停止，应立即按心肺复苏方法进行抢救。

（5）如果触电者有皮肤灼烧，应该用干净的水清洗并进行包扎，以免伤口发生感染。

1）一般性的外伤表面，可用无菌生理盐水或清洁的温开水冲洗后，再用适量的消毒纱布、防腐绷带或干净的布类包扎，经现场救护后送医院处理。

2）压迫止血是动、静脉出血最迅速的止血法，即用手指、手掌或止血橡皮带在出血处供血端将血管压瘪在骨骼上而止血，同时迅速送医院处理。

3）如果伤口出血不严重，可用消毒纱布或干净的布类叠几层盖在伤口处压紧止血。

4）对触电摔伤或四肢骨折的触电者应首先止血、包扎，然后用木板、竹竿、木棍等物品临时将骨折肢体固定并迅速送医院处理。

3. 施救过程再判定

施行急救过程中，还应仔细观察触电者发生的一些变化，如：①触电者皮肤由紫变红，瞳孔由小变大，说明急救方法已见效；②当触电者嘴唇稍有开口，眼皮活动或咽喉处有咽东西的动作，应观察其呼吸和心脏跳动是否恢复；③触电者的呼吸和心脏跳动完全恢复正常时方可中止救护；④触电者出现明显死亡综合症状，如瞳孔放大、对光照无反应、背部四肢等部位出现红色尸斑、皮肤青灰、身体僵冷等，且经医生诊断死亡时，方可中止救护。

第二节　电气防火防爆

一、电气火灾和爆炸原因

从我国的城市火灾事故统计数据可知，电气火灾约占全部火灾总数的30%。电气火灾和爆炸除了可能造成人身伤亡和设备毁坏外，还可能造成大规模、长时间停电，给国家造成重大损失。电气设备或线路过热、电火花和电弧是电气火灾和爆炸的主要原因。

1. 电气设备或线路过热

电气设备正常工作时产生热量是正常的，原因如下：①由于存在电阻，电流通过导体时会导致导体发热；②由于磁滞和涡流作用，导磁材料通过变化的磁场时会发热；③由于泄漏电流增加，可能导致绝缘材料温度升高。

当电气设备正确设计、正确施工、正常运行时，以上发热温度会被控制在一定范围内，一般不会产生危害，但设备过热可能会酿成事故。设备过热原因有短路、过载、接触不良、铁芯发热、散热不良。

2. 电火花和电弧

电火花是由击穿放电造成的，大量的电火花汇集形成电弧。电火花和电弧都会产生很高的温度，在易燃易爆场所很可能造成火灾或爆炸事故。电火花和电弧可分为工作电火花及电弧、事故电火花及电弧。

（1）工作电火花及电弧。有些电气设备正常工作或正常操作时就会产生电火花，如触点闭合和断开过程、整流子和集电环电机的电刷处、插销的插入和拔出、按钮和开关的断合过程等产生的电火花是工作电火花。切断感性电路时，断口处电火花能量较大，危险性也较大。当电火花的能量超过周围爆炸性混合物的最小引燃能量时，即可引起爆炸。

（2）事故电火花及电弧。包括线路电器故障引起的火花，如熔断器熔断时的火花、过电压火花、电机扫膛火花、静电火花、带电作业失误操作引起的火花，沿绝缘表面发生的闪络等。

无论是正常电火花还是事电故火花，在防火防爆环境中都要限制和避免。此外，白炽灯点燃时破裂、氢冷电机爆破、电瓶充电时爆破、充油设备（电容器、电力变压器、充油套管等）在电弧作用下爆破等也都容易引起火灾和爆炸。

二、电气防火防爆措施

防火防爆措施是综合性的措施，除了选用合理的电气设备外，还包括设置必要的隔离间距、保持电气设备正常运行、保持通风良好、采用耐火设施、装设良好的保护装置等技术措施。

1. 保持防火间距

选择合理的安装位置，保持必要的安全间距是防火防爆的一项重要措施。为了防止电火花或危险温度引起火灾，开关、插销、熔断器、电热器具、照明器具、电焊设备、电动机等均应根据需要适当避开易燃物或易燃建筑构件。天车滑触线的下方不应堆放易燃物品。10kV 及以下的变、配电室不应设在爆炸危险场所的正上方或正下方，变、配电室与爆炸危险场所或火灾危险场所毗邻时，隔墙应由非燃材料制成。

2. 保持电气设备正常运行

电气设备运行中产生的电火花和危险温度是引起火灾的重要原因。因此，防止出现过大的工作电火花、事故电火花和危险温度，即保持电气设备的正常运行对于防火防爆有重要的意义。保持电气设备的正常运行包括保持电气设备的电压、电流、温升等参数不超过允许值，保持电气设备足够的绝缘能力，保持电气连接良好等。

在易发生爆炸的危险场所，所用导线允许载流量不应低于线路熔断器额定电流的 1.25 倍和自动开关长延时过电流脱扣器整定电流的 1.25 倍。

3. 爆炸危险环境接地和接零

爆炸危险场所的接地（或接零）较一般场所要求高，应注意以下几点：

（1）除生产上有特殊要求以外，一般场所不要求接地（或接零）的部分仍应接地（或接零）。例如，在不良导电地面处，交流电压 380V 及以下、直流电压 440V 及以下的电气设备正常时不带电的金属外壳，直流电压 110V 及以下、交流电压 127V 及以下的电气设备，以及敷设有金属包皮且两端已接地的电缆用的金属构架均应接地（或接零）。

（2）在爆炸危险场所产生的微弱火花即可能引起爆炸。因此，在爆炸危险场所，必须将所有设备的金属部分、金属管道以及建筑物的金属结构全部接地（或接零）并连接成连续整体，以保持电流途径不中断。在爆炸危险场所的不同方向上，接地（或接零）干线应不少于两处与接地体相连，且连接要牢靠，以提高可靠性。

（3）单相设备的工作零线应与保护零线分开，相线和工作零线均应装设短路保护装置，并装设双极开关，以同时操作相线和工作零线。

（4）在爆炸危险场所，如由不接地系统供电，必须装设能发出信号的绝缘监视装置，使有一相接地或严重漏电时能自动报警。

三、电气灭火

1. 触电危险和断电

火灾发生后，电气设备因绝缘损坏而短路，线路因断线而接地，使正常情况下不带电的金属构架、地面等部位带电，导致人员因接触电压或跨步电压而发生触电事故。因此，发现火灾时应首先切断电源。切断电源时应注意以下几点：

（1）火灾发生后，由于受潮或烟等因素开关设备的绝缘能力会降低，因此拉闸时应使用绝缘工具操作。

（2）高压设备应先操作断路器，而不应该先拉隔离开关，防止引起弧光短路。

（3）切断电源的地点要适当，防止影响灭火工作。

（4）剪断电线时，对不同相线应在不同部位剪断，以防止造成相间短路。剪断空中电线时，剪断位置应选择在电源方向支持物附近，防止电线切断后，电线断头掉地发生触电事故。

（5）带负载线路应先停掉负载，再切断着火现场电线。

2. 灭火安全要求

电源切断后，灭火扑救方法与一般火灾扑救相同。但须注意以下几点：

（1）按灭火剂种类选择适当的灭火器。二氧化碳灭火器、干粉灭火器可用于带电灭火；泡沫灭火器的灭火剂有一定的导电性，而且对设备的绝缘有影响，不宜用于电气灭火。

（2）人体与带电体之间保持必要的安全距离。用水灭火且电压小于 10kV 以下时，水枪喷嘴至带电体的距离不应小于 3m；用二氧化碳等有不导电灭火剂的灭火器灭火且电压为 10kV 时，机体、喷嘴至带电体的最小距离不应小于 0.4m。

（3）对架空线路等空中设备进行灭火时，人体位置与带电体之间的仰角不应超过 45°。

（4）如有带电导线断落地面，应在周围画警戒圈，防止人员进入，以免发生跨步电压电击。

四、常见灭火器的使用

灭火器是应用于各种初起火灾中的有效灭火器材，其中小型的有手提式和背负式灭火器，比较大一点的有推车式灭火器。根据灭火剂的多少，灭火器也有不同的规格。

1. 干粉灭火器

干粉灭火器是用二氧化碳或氮气作为动力将筒内的干粉喷出灭火的，其可扑灭一般火灾，还可扑灭油、气等燃烧引起的失火。干粉灭火器按移动方式可分为手提式、背负式和推车式 3 种。

使用手提式灭火器时，首先检查灭火器是否在正常压力范围内，然后左手拿住灭火器的喷管，右手提压把手，确保灭火器是竖直的，然后对准火源底部在上风口处进行灭火。

使用推车式灭火器时，将其后部向着火源（在室外应置于上风方向），先取下喷枪，展开出粉管（切记不可有拧折现象），再用左手把持喷粉枪管托，右手把持住喷枪把然后用手指扳动喷粉开关，对准火焰喷射，通过不断摆动喷粉枪，用干粉笼罩住燃烧区，直至把火扑灭为止。如扑救油类火灾时，不要使干粉气流直接冲击油渍，以免溅起油面使火势蔓延。

使用背负式灭火器时，应站在距火焰边缘约 5~6m 处，右手紧握干粉枪握把，左手扳动转换开关到 3 号位置（喷射顺序为 3、2、1），打开保险机，将喷枪对准火源，扣扳机干粉即可喷出。如喷完一瓶干粉未能将火扑灭，可将转换开关拨到 2 号或 1 号的位置连续喷射，直到干粉喷完为止。

2. 泡沫灭火器

泡沫灭火器是通过筒体内酸性溶液与碱性溶液混合发生化学反应，将生成的泡沫压出喷嘴进行灭火的。它除了用于扑救一般固体物质火灾外，还能扑救油类等可燃液体火灾，但不能扑救带电设备和醇、酮、酯、醚等有机溶剂火灾。

3. 二氧化碳灭火器

二氧化碳灭火器是充装液态二氧化碳，利用气化的二氧化碳气体能够降低燃烧区温度，隔绝空气并降低空气中含氧量来进行灭火的。主要用于扑救贵重设备、档案资料、仪器仪表、600V 以下的电气设备及油类初起火灾，不能扑救钾、钠等轻金属火灾。

二氧化碳灭火器主要由钢瓶、启闭阀、虹吸管和喷嘴等组成。常用的又分为 MT 型手轮式和 MTZ 型鸭嘴式两种。使用手轮式灭火器时，应手提提把，翘起喷嘴根部，左手将上鸭嘴往下压，二氧化碳即可以从喷嘴喷出。

使用二氧化碳灭火器时，一定要注意安全。在室外使用二氧化碳灭火器时，应选择在上风方向喷射，并且手要放在钢瓶的木柄上，防止冻伤；在室内窄小空间使用二氧化碳灭火器时，灭火后操作者应迅速离开，以防窒息。

参考题

一、单选题

1. 对于在有限空间可能发生的超过允许暴露限值的有毒物质暴露，主要的侵入途径还是（ ）。

A. 吸入　　　　　　　　B. 皮肤吸收　　　　　　　　C. 注射

2. 硫化氢是具有刺激性和窒息性的（ ）气体。

A. 白色　　　　　　　　B. 棕色　　　　　　　　C. 无色

3. 作业前（ ）min，应再次对有限空间有害物质浓度采样，分析合格后方可进入有限空间。

A. 30　　　　　　　　B. 45　　　　　　　　C. 60

4. 氯气是一种常温呈淡黄绿色、具有刺激性气味的（ ）。

A. 有毒气体　　　　　　B. 剧毒气体　　　　　　C. 无害气体

二、判断题

1. 有限空间内存在的气体危害可能有多种。（   ）

2. 在进行有限空间的识别工作前，应确保相关人员接受了有限空间的培训。（   ）

3. 对有限空间作业应做到"先通风、在检测、后作业"的原则。（   ）

4. 当工作面的作业人员意识到身体出现异常症状时，应及时向监护者报告或自行撤离有限空间，不得强行作业。（   ）

附 录

附录一 **变电站（发电厂）第一种工作票格式**

变电站（发电厂）第一种工作票

单位 ＿＿＿＿＿＿＿＿＿ 编号 ＿＿＿＿＿＿＿＿

1. 工作负责人（监护人）＿＿＿＿＿＿＿ 班组 ＿＿＿＿＿＿＿

2. 工作班成员（不包括工作负责人）

＿＿＿＿＿＿＿＿＿＿＿＿＿＿＿＿＿＿＿＿＿＿＿＿＿＿＿＿

＿＿＿＿＿＿＿＿＿＿＿＿＿＿＿＿＿＿＿＿＿＿＿＿＿＿＿＿

＿＿＿＿＿＿＿＿＿＿＿＿＿＿＿＿＿＿＿＿＿＿＿＿＿＿＿＿

＿＿＿＿＿＿＿＿＿＿＿＿＿＿＿＿＿＿＿ 共 ＿＿＿＿＿ 人

3. 工作的变、配电站名称及设备双重名称

＿＿＿＿＿＿＿＿＿＿＿＿＿＿＿＿＿＿＿＿＿＿＿＿＿＿＿＿

4. 工作任务

工作地点及设备双重名称	工作内容

5. 计划工作时间

自 ＿＿＿＿ 年 ＿＿＿＿ 月 ＿＿＿＿ 日 ＿＿＿＿ 时 ＿＿＿＿ 分

至 ＿＿＿＿ 年 ＿＿＿＿ 月 ＿＿＿＿ 日 ＿＿＿＿ 时 ＿＿＿＿ 分

6. 安全措施（必要时可附页绘图说明）

应拉断路器（开关）、隔离开关（刀闸）	已执行 *
应装接地线、应合接地开关（注明确实地点、名称及接地线编号 *）	已执行
应设遮栏、应挂标示牌及防止二次回路误碰等措施	已执行

注：* 已执行栏目及接地线编号由工作许可人填写。

工作地点保留带电部分或注意事项 （由工作票签人填写）	补充工作地点保留带电部分和安全措施 （由工作许可人填写）

工作票签发人签名 _____ 签发日期 ____年 ____月 ____日 ____时 ____分

7. 收到工作票时间 ____年 ____月 ____日 ____时 ____分

　　运行值班人员签名 _____　　　　工作负责人签名 _____

8. 确认本工作票 1~7 项

　　工作负责人签名 _____　　　　工作许可人签名 _____

　　许可工作时间 ____年 ____月 ____日 ____时 ____分

9. 确认工作负责人布置的工作任务和安全措施

　　工作班组人员签名：

　　_____

　　_____

　　_____

　　_____

　　_____

　　_____

10. 工作负责人变动情况

　　原工作负责人 _____ 离去，变更 _____ 为工作负责人。

　　工作票签发人签名 ____年 ____月 ____日 ____时 ____分

11. 工作人员变动情况（变动人员姓名、日期及时间）

　　_____

　　_____

_____

_____

_____

工作负责人签名 _____

12. 工作票延期

有效期延长到 ____ 年 ____ 月 ____ 日 ____ 时 ____ 分

工作负责人签名 _____   ____ 年 ____ 月 ____ 日 ____ 时 ____ 分

工作许可人签名 _____   ____ 年 ____ 月 ____ 日 ____ 时 ____ 分

13. 每日开工和收工时间（使用一天的工作票不必填写）

收工时间				工作负责人	工作许可人	开工时间				工作许可人	工作负责人
月	日	时	分			月	日	时	分		

14. 工作终结报告

全部工作于 ____ 年 ____ 月 ____ 日 ____ 时 ____ 分结束，设备及安全措施已恢复至开工前状态，工作人员已全部撤离，材料工具已清理完毕，工作已终结。

工作负责人签名 _____   工作许可人签名 _____

15. 工作票终结

临时遮栏、标示牌已拆除，常设遮栏已恢复。未拆除或未拉开的接地线编号 _____ 等共 _____ 组、接地开关（小车）共 ____ 副（台），已汇报调度值班员。

工作许可人签名 _____   ____ 年 ____ 月 ____ 日 ____ 时 ____ 分

16. 备注

（1）指定专职监护人 _____ 负责监护 _____

（人员、地点及具体工作）

（2）其他事项 _____

_____

_____

注若使用总、分票，总票的编号有前缀"总（n）号含分（m）"，分票的编号有前缀"总（n）号第分（n）"。

附录二 变电站（发电厂）第二种工作票格式

变电站（发电厂）第二种工作票

单位 ＿＿＿＿＿＿＿＿＿＿＿＿＿   编号 ＿＿＿＿＿＿＿＿＿＿＿＿＿

1. 工作负责人（监护人）＿＿＿＿＿＿＿＿＿ 班组 ＿＿＿＿＿＿＿＿＿＿＿

2. 工作班人员（不包括工作负责人）

＿＿＿＿＿＿＿＿＿＿＿＿＿＿＿＿＿＿＿＿＿＿＿＿＿＿＿＿＿＿＿＿＿＿＿

＿＿＿＿＿＿＿＿＿＿＿＿＿＿＿＿＿＿＿＿＿＿＿＿＿＿＿＿＿＿＿＿＿＿＿

＿＿＿＿＿＿＿＿＿＿＿＿＿＿＿＿＿＿＿＿＿ 共 ＿＿＿＿＿＿＿ 人

3. 工作的变、配电站名称及设备双重名称

＿＿＿＿＿＿＿＿＿＿＿＿＿＿＿＿＿＿＿＿＿＿＿＿＿＿＿＿＿＿＿＿＿＿＿

4. 工作任务

工作地点及设备双重名称	工作内容

5. 计划工作时间

自 ＿＿＿＿＿＿ 年 ＿＿＿＿＿ 月 ＿＿＿＿＿ 日 ＿＿＿＿＿ 时 ＿＿＿＿＿ 分

至 ＿＿＿＿＿＿ 年 ＿＿＿＿＿ 月 ＿＿＿＿＿ 日 ＿＿＿＿＿ 时 ＿＿＿＿＿ 分

6. 工作条件（停电或不停电，或临近邻近及保留带电设备名称）

_____

_____

_____

7. 注意事项（安全措施）

_____

_____

_____

工作票签发人签名 _____ 签发日期 ____ 年 ____ 月 ____ 日 ____ 时 ____ 分

8. 补充安全措施（工作许可人填写）

_____

_____

9. 确认本工作票 1~8 项

工作负责人签名 _____　　　　　工作许可人签名 _____

许可工作时间 ____ 年 ____ 月 ____ 日 ____ 时 ____ 分

10. 确认工作负责人布置的工作任务和安全措施

工作班组人员签名：

_____

_____

_____

11. 工作票延期

有效期延长到 ____ 年 ____ 月 ____ 日 ____ 时 ____ 分

工作负责人签名 _____　　　　 ____ 年 ____ 月 ____ 日 ____ 时 ____ 分

工作许可人签名 _____　　　　 ____ 年 ____ 月 ____ 日 ____ 时 ____ 分

12. 工作票终结

全部工作于 ____ 年 ____ 月 ____ 日 ____ 时 ____ 分结束，工作人员
已全部撤离，材料工具已清理完毕。

工作负责人签名 _____   ____年 ____月 ____日 ____时 ____分

工作许可人签名 _____   ____年 ____月 ____日 ____时 ____分

13. 备注

_____

_____

_____

_____

附录三 二次工作安全措施票格式

二次工作安全措施票

单位 _____   编号 _____

被试设备名称						
工作负责人		工作时间	月 日	签发人		
工作内容:						
安全措施:包括应打开及恢复压板、直流线、交流线、信号线、联锁线和联锁开关等,按工作顺序填用安全措施						
序号	执行	安全措施内容				恢复

执行人:_____   监护人:_____   恢复人:_____   监护人:_____

参考题答案

第一章

一、单选题

1. B；2. B；3. A；4. A

二、判断题

1. √；2. √；3 ×；4. ×；5. ×；6. ×；7. √；8. ×；9. √

第二章

一、单选题

1. C；2. C；3. B；4. B；5. A；6. B；7. C；8. C；9. C

二、判断题

1. √；2. √；3. √；4. ×；5. √；6. √；7. √；8. ×；9. √

第三章

一、单选题

1. B；2. B；3. A；4. C；5. B；6. A；7. A；8. A；9. B；10. A；11. A；12. C

二、判断题

1. √；2. √；3. √；4. √；5. ×；6. ×；7. ×；8. ×；9. √；10. √；11. √；12. √；13. √；14. √；15. √；16. √；17. √；18. √；19. √

第四章

一、单选题

1. A；2. B；3. A；4. C；5. A；6. A；7. A；8. C；9. A

二、判断题

1. × ；2. √ ；3. × ；4. √ ；5. √ ；6. √ ；7. × ；8. √ ；9. √

第五章

一、判断题

1. √ ；2. √ ；3. × ；4. √ ；5. √ ；6. ×

第六章

一、单选题

1. C ；2. B ；3. C ；4. C ；5. A ；6. A ；7. A ；8. A ；9. B ；10. B ；11. B ；
12. C ；13. C ；14. C ；15. A

二、判断题

1. √ ；2. √ ；3. × ；4. × ；5. × ；6. × ；7. √ ；8. √ ；9. × ；10. √ ；
11. √ ；12. × ；13. √ ；14. √ ；15. ×

第七章

一、单选题

1. A ；2. C ；3. A ；4. B

二、判断题

1. √ ；2. √ ；3. √ ；4. √

参考文献

［1］中安华邦（北京）安全生产技术研究院.电气试验作业操作资格培训考核教材［M］.北京：团结出版社，2018.

［2］中国安全生产科学研究院.安全生产技术基础［M］.北京：应急管理出版社，2019.

［3］陈天翔，王寅仲，温定筠，等.电气试验（第三版）［M］.北京：中国电力出版社，2014.

［4］江苏省电力工业局.电气试验技能培训教材［M］.北京：中国电力出版社，1998.

［5］国家电网公司人力资源部.国家电网公司生产技能人员职业能力培训专用教材——电气试验［M］.北京：中国电力出版社，2010.

［6］严璋、朱德恒.高电压绝缘技术（第二版）［M］.北京：中国电力出版社，2007.

［7］邱昌容，王乃庆.电工设备局部放电及其测量技术［M］.北京：机械工业出版社，1994.